다른 과학은 가능하다,   '느린 과학' 선언

UNE AUTRE SCIENCE EST POSSIBLE!
Manifeste pour un ralentissement des sciences
by Isabelle STENGERS
© Editions LA DÉCOUVERTE (Paris), 2013, 2017
Chapter IV, 'Ludwig Fleck, Thomas Kuhn and the Challenge of Slowing Down the Sciences' © Isabelle Stengers
Korean Translation Copyright © EDITORIAL BOOKS Co., 2025
All rights reserved.
This Korean edition was published by arrangement with Editions LA DÉCOUVERTE (Paris) through Bestun Korea Agency Co., Seoul
이 책의 한국어판 저작권은 베스툰 코리아 에이전시를 통해 저작권자와의 독점계약으로 에디토리얼에 있습니다. 저작권법에 의해 한국 내에서 보호를 받는 저작물이므로 무단전재와 무단복제를 금합니다.

다른 과학은 가능하다,
'느린 과학' 선언

상호의존의 관계를
다시 엮는 과학으로
ANOTHER SCIENCE IS POSSIBLE
A MANIFESTO FOR SLOW SCIENCE

이자벨 스탱게르스 지음
김연화, 장하원 옮김

에디토리얼

구성주의 연구그룹 GECo에게

세르주 구트비르트에게

그리고 이 책이 단순한 낙천적 꿈이 아니라고

믿게 해준 모든 이에게

차례

1장 과학에 대한 대중지성을 향하여
'대중'이 과학을 '이해'해야 하는가?   11
대중은 무엇을 이해해야 하는가?   15
과학에는 감식가가 필요하다   20
선한 의지만으로는 충분하지 않다   24
시험대에 놓인 과학   30
불편한 진실   34
의심의 상인들에게 저항하기   37

2장 올바른 자질을 갖춘 연구자들
젠더와 과학   45
진정한 연구자들   52
진정한 연구자의 구성   60
동원 해제?   71

3장 과학과 가치: 어떻게 하면 속도를 늦출 수 있을까?

평가의 지배 속에서	83
동료는 누구인가?	89
'과학', 용해되어야 할 결합물	97
대비	108
공생	118
속도를 늦추기…	127

4장 루드비크 플렉, 토머스 쿤 그리고 과학을 느리게 하는 과제 131

5장 '다른 과학은 가능하다!' 느린 과학을 위한 호소 165

6장 코스모폴리틱스: 근대적 실천을 문명화하기

보장의 부재	215
정치생태학	228
정치를 문명화하기	232

옮긴이 후기 241

일러두기

1. 이 책은 이자벨 스탱게르스의 프랑스어 초판 *Une autre science est possible! Manifeste pour un ralentissement des sciences*(Édition La Découverte, 2013)에 4장 '루드비크 플렉, 토머스 쿤 그리고 과학을 느리게 하는 과제'가 추가된 영역본(2018)을 번역한 것이다.
2. [옮긴이주] 표시가 없는 주석은 모두 원주이다.
3. 참고문헌의 국역본이 복수일 경우, 어느 하나의 판본을 선택해 표기하지는 않았다.
4. 도서명은 겹낫표(『 』), 단편·논문·기사·시 한 편의 제목은 홑낫표(「 」), 그 외 신문·잡지·영화·강연 등의 제목은 홑화살괄호(〈 〉)로 묶었다.

1장

과학에 대한 대중지성을 향하여

'대중'이 과학을 '이해'해야 하는가?

영어권 학자들은 '과학에 대한 대중의 이해(public understanding of science)'[1]에 대해 이야기하곤 한다.[2] 그런데 여기서 '이해'라는 말은 무엇을 의미하는가? 많은 이들은 시민들이 우리가 살아가는 세상을 이해하기 위해, 특히 과학이 초래하는 세상의 변화가 정당하다는 점을 받아들이기 위해 필요한 기본적인 '과학적 소양(scientific equipment)' (또는 문해력)을 가져야 한다고 생각한다. GMO(유전자 재조합 생물)의 사례에서 분명히 드러나듯이, 과학자들이 지지해 온 어떤 혁신에 대중이 저항하기 시작할 때 그러한 이해가 부족하다는 점이 일반적인 진단이다. 여기서 대중은

---

[1] [옮긴이주] '과학에 대한 대중의 이해(public understanding of science, PUS)'는 과학 지식이 일반 대중에게 어떻게 전달되고 이해되고 수용되는지를 연구하는 분야이자 주제어로, 과학커뮤니케이션, 과학 교육, 과학 정책 등과 긴밀히 연관된다.
[2] 이 장의 이전 버전은 *Alliage*, 69 (October 2011), p. 24~34에 실렸다. 2011년 리옹에서 열린 유럽과학교육연구협회(European Science Education Research Association, ESERA) 회의에서 한 기조연설에서 발췌한 것이다.

식물의 유전자 변형이 농부들이 수천 년 동안 해 왔던 것과 '본질적으로' 다르지 않으며 그저 더 빠르고 효과적이라는 점을 이해하는 데에 실패한 것처럼 여겨진다. 또 다른 이들은 '과학성'을 만들어내는 방법이 먼저 이해되어야 한다면서, 과학자들이 특정한 질문을 하지 않을 자유가 있다는 점을 이해하지 못하기 때문에 대중이 '사실'과 '가치'를 혼동할 수 있다고 말한다. 물론 이는 시민들로부터 어떤 혁신을 수용하거나 거부할 권리를 박탈하려는 것이 아니라, 시민들이 오직 확고한 이유에 근거하여 그렇게 해야 하며 과학적 사실을 그들 스스로의 신념이나 가치와 혼동해서는 안 된다는 것이다. 과학에서 훈련이 필요한 이유는 세심한 관찰, 가설의 수립 및 그것의 검증이나 반박이 과학 지식의 구성뿐만 아니라 모든 합리적 절차의 기초를 이룬다는 사실에 근거한다고 주장된다. 그러므로 과학은 모든 시민이 일상 생활에서 따라야 할 모델인 것이다.

이러한 주장은, 오늘날 다소간 의구심을 품은 시민을 마주할 때 공공당국이 내뱉는 진정한 '명령어'[3]를 정당화하기 위해 사용된다. 과학이 사회에 가져다주는 혜택에 대해서 시민들이 회의적이라면, 그에 대한 대응은

---

[3] Mot d'ordre는 들뢰즈와 가타리의 철학 작업에서 발전된 개념으로, '슬로건(slogan)', '지침(directive)', '구호(watchword)' 등으로 다양하게 번역되었다. 이 첫 번째 사례에서는 독자가 그것의 철학적 출처를 더 잘 인식할 수 있도록 원어를 유지했다.

'대중과 그들의 과학이 서로를 이해해야 한다'가 될 것이다. 여기서 소유격 '그들의'는 학교에서 이루어지는 표준적인 과학 수업에서 전달하고자 하는 바를 함축한다. 즉 과학적 추론은 누구나 가진 능력이므로 우리 각자는 갈릴레이나 맥스웰이 그랬던 것처럼 같은 '사실'을 마주했을 때 동일한 결론을 도출할 수밖에 없다는 것이다.

물론 과학사나 '만들어지는 것으로서의 과학'에 대해 최소한이라도 알고 있는 사람이라면, '동일한 결론'을 이끌어낸다는 익명의 합리적 존재란 그저 상황을 '합리적으로 재구성'한 결과에 불과하다는 것을 쉽게 알 수 있다. 그런 상황에서는 망설일 모든 이유가 제거되고, 사실들이 기대할 수 있는 모든 권위를 지닌 채 그것들이 이끌어낸 결론을 문자 그대로 '외치고' 있다고 보인다.

어쨌든, 재구성되었든 아니든 간에 실험실 조건은 우리가 시민으로서 대면하는 상황들과는 거의 관련이 없다. 나는 후자를 지칭하기 위해 '관심의 문제(matters of concern)'라는 브뤼노 라투르(Bruno Latour)의 절묘한 표현을 사용할 것이다.[4] 이는 '사실의 문제(matters of fact)'로

---

4 [옮긴이주] 'matter of concern'은 가치가 배제된 사실을 상정하는 'matter of fact' 개념에 대한 비판적 대안으로 제시되었다. 현대 과학기술의 대상과 문제들에 과학과 사회, 사실과 가치, 지식과 정치가 분리될 수 없이 얽혀 있음을 드러내기 위한 개념이다. 국내 과학기술학 분야에서 'matter of concern'은 관심의 문제, 우려물

제시된 것과는 대조적으로, 우리가 생각하고 주저하고 상상하고 입장을 취해야 함을 요구한다. '관심(concern)'은 염려나 선택 같은 개념을 잘 담고 있을 뿐 아니라, 염려나 선택의 대상이 되기 전에 우리를 관여하게 만드는 상황들, 적절하게 묘사하자면 '우리가 관련이 있다고 느끼도록' 요구하는 상황들이 존재한다는 생각 또한 내포한다. 너무 많은 과학자들이 불평하듯이 우리는 이러한 상황들에 대해 '정치화되었다'고 말해서는 안 된다. 이러한 상황들은 정치적 참여가 단지 즉흥적이거나 우발적으로 드러나는 장이 아니다. 상황들이 요구하는 것은, 사람들로 하여금 자신과 관련된 문제에 대해 생각하게 만들고, 합의를 이끌어내기 위해 **'사실의 문제'**에 호소하는 어떤 시도도 거부할 수 있는 힘이다. 그렇다면, 이제 제기되어야 할 질문은, 이러한 상황들이 정작 필요로 하는 바로 그 힘으로부터 왜 그렇게 자주 분리되어 왔는가 하는 점이다.

다시 GMO로 돌아가보자면, 그것은 잘 감시되는 공간에서 일하는 생물학자들의 관심사에 따라 정의된 실험실 GMO와는 상당히 다른 '관심의 문제'를 이룬다. 수천 헥타르에 걸쳐 재배되는 GMO는 유전자 전이나 살충제

― 등으로 번역되고 있다. 이번 번역에서 'concern'은 우려보다 좀 더 포괄적인 의미를 담기 위해 관심이라고 번역했지만, 문맥에 따라 우려로 번역된 것도 있다. 'matter of concern'은 어떤 상황을 문제화하는 과정까지 포함하기 위해 관심의 문제라고 표현했다.

내성 곤충과 관련된 문제들을 제기하는데, 이는 실험실 수준에서는 제기될 수 없는 것이다. 여기에 더해, 변형된 식물의 특허 출원이나 (이미 위기에 다다른) 생물다양성의 감소, 살충제와 비료의 무분별한 사용 같은 문제들은 말할 것도 없다.

'관심의 문제'에서 핵심적인 것은, 단 하나의 '정답'이 있다는 생각을 버리고 대신 주저하고 집중하면서 세심하게 조사하는 과정이 불가피하게끔 종종 어려운 선택지를 더하는 데에 있다. 시간을 금으로 여기고, 금지되지 않은 모든 것을 허용하라고 요구하는 기업가들의 불평에도 불구하고 말이다. 게다가 과학적 전문성과 결탁한 선전은 너무도 자주 어떤 혁신을 '과학의 이름으로' 올바른 '하나의' 해결책으로 제시하곤 한다. 이런 이유로 나는 이해라는 개념을 대신하여 과학에 대한 '대중지성(public intelligence)'을 제안하고자 하는데, 이는 과학의 결과물뿐 아니라 과학자 당사자들과도 지성적인 관계를 창조하는 것을 포함한다.

대중은 무엇을 이해해야 하는가?

대중지성에 관해 이야기할 때 우리가 가장 먼저 강조해야 할 것은, 활동가들이 GMO를 세계 기아 문제에 대한 합리적이고 객관적인 '유일한' 해결책으로 제시해 온 생물학자들을 제1의 적으로 규탄하는 것이 핵심이 아니라는 점이다. 오히려 대중지성이 필요하다면, 이는 그러한 과학자들이 세상에 관심을 갖지 않은 채 이런 종류의 입장을 취할 수 있다는 바로 그 사실과 본질적으로 관계가 있다. 만일 우리가 부정직함이나 이해 상충에 대한 가설들을 한쪽에 제쳐 둔다면, 이제 우리는 연구자들의 훈련과 실천이 어떻게 그들이 흔히 자랑하는 비판적인 사고와는 완전히 동떨어진 채 그렇게 오만하고 순진해 빠진 형태의 소통을 이끌어낼 수 있는지 묻게 된다. 이러한 권한 남용에 대해 과학자 공동체가 공개적으로 분노를 표출하지 못한 것에 대해서는 또 어떻게 설명할 수 있을까?

오히려 정반대의 현상이 일어난 것으로 보인다. 연구자들이 대중에게 그들이 무엇을 이해해야 하는지를 이야기하는 2004년의 〈국가연구총론(États généraux de la recherche)〉의 요약 보고서에서 발췌한 내용을 살펴보자.

> 시민들은 실업, 석유 매장량의 고갈, 환경 오염, 암 등 모든 종류의 사회 문제에 대해 과학으로부터 해결책을 얻기를 기대한다. … 이러한 질문들에 대한 해답으로 이어지는 길은, 연구에 대한 계획적인 전망이 우리로 하여금 믿게 만드는 것만큼 그렇게 직선적이지 않다. … 과학은 경제적, 사회적 우발성에 내재된 왜곡과 긴급성으로부터 보호된

채, 과학 자체의 문제를 그 자체의 방식으로 다룰 때에만 기능할 수 있다.[5]

이 인용문은 일부 개인의 엉뚱한 상상력이 아니라 집단이 작성한 보고서에서 나왔다. 이를 작성한 저자들은 시민들이 과학이 실업 같은 문제들을 해결할 수 있다고 믿는다고 말할 뿐만 아니라, 그들 역시 이러한 믿음에 동의하는 것처럼 보인다. 분명히 과학은 이와 같은 문제들을 해결할 수 있지만, 그것은 과학이 '우발적인' 경제적, 사회적 관심사에 '내재된' 것으로 여겨지는 '왜곡'으로부터 보호받으면서 스스로의 질문을 설정할 수 있는 자유를 보장받을 때에만 그렇다. 다시 말해서, 진정한 과학적 해답은 그러한 우발적 조건들을 초월하며, 따라서 그것들을 무시해도 된다는 것이다(GMO를 열렬히 지지하는 생물학자들이 세계 기아의 경제적, 사회적 차원을 무시해 온 것처럼 말이다).

요컨대, 내가 '관심의 문제'라고 부르는 것은 이러한 담론 속에서 '왜곡'이라고 묘사되는 반면, '과학'이 제시하는 해결책은 마침내 잘 설정된 문제에 대한 해답으로 인정된다. 이는 시민들은 당연히 과학을 신뢰해야 하지만, 기다리는 법을 알아야 하며, 시끄럽고 불안에 찬 요구에 귀 기울이지 않는 것이 과학자의 의무임을 이해해야 한다는 결론으로

---

[5] *Le Monde*, 22 December 2004, p. 18에서 발췌한 것이다.

이어진다.

실제로 연구자들은 2004년 과학이 '지식경제(knowledge economy)'[6]의 용어로 재편될 즈음, 시민들과의 소통을 건너뛴 채 과학의 정치를 담당하는 공공당국을 상대했다. 연구자들은 황금알을 낳는 거위라는 진부한 레퍼토리를 들먹이며 항의했다. 즉 거위에서 한 걸음 물러서서 잘 먹이되 어려운 질문을 하지 말아야 하며, 그렇지 않으면 당신은 거위를 죽이게 되어 더 이상 알을 얻을 수 없을 것이다. 물론 자신의 알이 누구를 위한 황금인지 궁금해하는 것은 거위의 일이 아니며, 과학적 진보가 일반적으로 유익하다는 점은 당연하게 여겨진다. 오늘날 이러한 진보가 왜 '지속불가능한 개발'과 연결될 수 있는지에 대해서는 작은 질문조차 제기되지 않는다.

나는 인류를 위한 새로운 가치를 부여한다는 명목으로 우리가 가져가는 알을 낳는 거위처럼 과학자들이 '순진하다'고 생각하지 않는다. 과학자들은 그들의 결과를 금으로 바꿀 수 있는 사람들의 관심을 어떻게 끌 수 있는지를 완벽히 잘 알고 있다. 그러나 그들은 또한 지식경제가 그들에게 필수적인 최소한의 독립성을 보장해주는 타협에

---

6 [옮긴이주] 지식경제란 일반적으로 지식과 기술이 경제 성장의 핵심 자원이 되는 경제 체제를 의미한다. 이 책의 논의에서는 과학이 경제적 논리와 시장 원리에 종속되는 상황을 비판적으로 지칭하는 개념이다.

종지부를 찍을 수 있다는 사실도 알고 있다. 그러나 과학자들은 그 사실에 대해 공공연하게 말할 수는 없는데, 대중이 과학이 '만들어지는' 방식을 깨닫게 되면 확신을 잃고 과학적 제안을 한낱 특수한 이해관계의 표출로 격하시킬 것을 두려워하기 때문이다. '사람들'은 세상의 신비를 발견하는 것을 향한 호기심만으로 추진되는 '자유로운' 연구라는 우화를 계속 믿어야 한다(이는 그렇게 많은 선의의 과학자들이 어린애 같은 영혼을 유혹하는 데 도움을 주는 일종의 사탕처럼 주어진다).

간단히 말해서, 과학자들은 불안할 만한 충분한 이유가 있음에도 이를 말할 수는 없다. 부모가 자식 앞에서 말다툼을 할 수 없는 것처럼 과학자들은 자신들을 먹여 살리는 이들을 비난할 수 없다. 어떤 것도 과학(Science)[7]을 확신하는 믿음을 뒤엎어서는 안 되며, 어떤 경우에도 '대중(people)'은 이해할 수 없는 질문에 관여하도록 강요되어서는 안 된다.

---

[7] [옮긴이주] 대문자로 표기된 Science라는 고유명사는 과학이 합리적이고 객관적인 단 하나의 답을 내놓을 것이라는 기대 가운데 상정되는 유일한 과학을 의미한다.

과학에는 감식가가 필요하다

과학적 쟁점에 대해 대중지성이 어떤 의미를 가진다면, 그것은 이러한 유형의 체계적인 거리두기와 관련이 있다. 과학 제도, 국가, 산업계 모두의 이해관계가 여기에 수렴한다. 하지만 우리는 이에 대해서도 순진해서는 안 된다. 위안을 필요로 하는 유아적인 대중과 대조되는 개념으로, 관심 있는 사안에 참여할 수 있는 사려 깊고 신뢰할 만한 대중의 모습을 설정하는 것 또한 경계해야 한다. 순진해지지 않을 수 있는 첫 번째 방법은, 물리학자 장-마르크 레비-르블롱(Jean-Marc Lévy-Leblond)[8]이 끊임없이 해 왔던 것처럼, 능력이 있는지 없는지의 문제는 과학자들에게도 동일하게 적용된다는 점을 거듭 상기하는 것이다. "과학주의(scientism)와 비합리주의(irrationalism)라는 전통적인 적들이 여전히 기세를 유지하고 있는 이유는, 가꾸어지지 않은(uncultivated) 과학은 신비주의 과학으로 변질되는 만큼이나 쉽게 과학에 대한 숭배로 변질되기

---

8   [옮긴이주] 프랑스의 물리학자이자 과학철학자로, 과학의 사회적·문화적 맥락을 비판적으로 탐구한 인물이다. 그는 과학이 고도로 전문화되면서 폐쇄성이 심화되고 있음을 우려하며, 과학의 공공성을 회복하기 위해서는 다양한 주체들이 과학에 참여하고 비평할 수 있어야 한다고 주장했다.

때문이다"[9]라고 말할 때, 그는 단지 대중만을 말한 것이 아니라 무엇보다도 과학자 자신들에 대해서 말하고 있었던 것이다. 다시 말해서, 과학에 대한 대중지성은 과학적 주장과 맺는 지적이고도 명료한 관계를 포함하며, 그러한 지성은 '대중'뿐 아니라 과학자들에게도 동일하게 적용되어야 한다. 왜냐하면 그들 모두가 같은 유혹에 취약하기 때문이다.

우리는 레비-르블롱이 과학 문화(scientific culture)라고 지칭한 것이 일반적인 과학적 이해력, 즉 물리 법칙이나 원자, DNA 등에 대해 '무언가'를 아는 것과 혼동되어서는 안 된다는 점을 안다. 가꾸어진 과학(cultivated science)은 전문가만이 아니라 감식가(connoisseurs)도 배출해야 한다. 스포츠나 음악, 또는 소프트웨어 제작 등의 분야와 마찬가지로 말이다. 이러한 분야들의 생산자는 다른 사람들, 즉 제품을 평가하고 주어진 정보의 종류를 평가하고 그것의 연관성[10]을 논의하고 단순한 선전과 계산된 위험을 구분할

---

9 Jean-Marc Lévy-Leblond, *L'Esprit de sel*, Paris: Seuil, 1984, p. 97.

10 [옮긴이주] 이 글에서 저자는 relevance라는 용어를 과학의 새로운 특성을 드러내기 위해 사용한다. 특정 상황 속에서 다른 것과 관계 맺는 힘을 갖고 있는지, 문제를 구성하고 함께 만들어 가는 데 관여할 수 있는지 등을 묻는 의미로, relevance는 과학이 지닌 관계 맺기의 힘을 가리킨다. 일반적인 번역어인 적절성은 저자가 비판하는 과학의 권위나 객관성 개념과 중첩될 수 있어, 관계 맺기의 의미를 살릴 수 있는 연관성으로 번역했다.

수 있는 사람들의 존재를 고려해야 한다는 점을 알고 있다. 그러한 감식가 혹은 아마추어의 존재는 전문가들로 하여금 그들이 제안하는 모든 것과 '가꾸어진' 관계를 유지하도록 만드는 까다로운 환경을 조성한다. 그들은 약점을 묵과하는 것의 위험성을 알고 있는데, 왜냐하면 그들이 겨냥하는 사람들은 무시되거나 생략되는 것에 대해서도 주장되는 것만큼이나 많은 관심을 기울일 것이기 때문이다.

이제 '과학에는 아마추어가 없다'는 레비-르블롱의 명쾌한 외침을 계속 살펴볼 필요가 있는데, 그것이 과학에 대한 대중지성이라는 문제를 재조명하기 때문이다. 이는 '대중에게 능력이 있는가'라는 일반적인 질문을 던지는 문제가 아니라, 그런 능력을 가질 수단이 없다고 주장하는 문제다. (과학자들이 의심으로부터 보호해야 한다고 느끼는) 대중의 '무관심한 확신(indifferent confidence)'은 무엇보다도 까다로운 감식가의 부재를 드러낸다. 즉 과학자들로 하여금 무엇이 중요한지 아닌지에 대한 규범적인 판단을 내릴 때 주의를 기울이게 하거나, 과학자들이 보다 일반적인 관심의 대상에 대한 응답이 아니라 자신들이 정말로 답할 수 있는 질문과의 관계 속에 자신들을 적극적으로 위치시키는 분명한 태도로 자신들의 결과물을 제시하게끔 하는 감식가가 없는 상황인 것이다. 그러한 환경[감식가가 존재하는 가꾸어진 과학]이 2004년에 존재했더라면, 연구자들은 자신들이 한 일에 대해 쓰기 전에 재차 숙고했을 것이다.

이는 대중이라면 누구나 과학의 모든 분야에서 '감식가'가 되는 것, 다시 말해 일종의 일반화된 '**아마토라**(amatorat)' 또는 '아마추어 집단'이 되는 것을 의미하지는 않는다. 그러나 대중은 '분산된 아마토라'일 수 있다. 이는 해당 분야의 감식가가 아닌 사람들도 언젠가 관심이 생길 경우 이미 그 분야를 중심으로 형성된 감식가 환경 덕분에 이에 지적인 방식으로 접근할 수 있다고 확신할 수 있을 만큼 감식가의 다양성이 충분한 밀도를 갖춘 상태를 의미한다.

여기서 '감식가'란 독학자(autodidact)와는 아무 관련이 없다는 점을 강조해 두고자 한다. 즉 특히 과학자들(그리고 심지어 나와 같은 철학자들)에게 너무나 친숙한 부류로, 어떤 중대한 문제들에 대한 자신의 해결책을 제시하고 이를 인정받거나 아주 작은 관심이라도 받기 위해 필사적으로 돌아다니는 불행한 사람들과는 아무런 관련이 없다. 감식가는 전문가로서의 인정을 추구하는 '대안' 지식의 옹호자가 아니다. 그러나 감식가들이 과학자들이 생산한 지식에 보이는 관심은, 그 지식의 생산자들의 관심과는 다르다. 바로 그렇기 때문에 그들은 어떤 아이디어의 독창성이나 연관성을 인식할 수 있을 뿐 아니라, 지식이 생산되는 과정에서는 고려되지 않았지만 다른 상황에서는 중요해질 수 있는 질문이나 가능성에 주의를 기울일 수 있다. 다시 말해서, 그들은 합리성에 관심을 둔 이들이라면 누구나 그 중요성을 인정해야 할 역할을 수행할 수 있다. 그들은 보편적 권위를 가지고 있는 것처럼 가장하는 과학 지식에 저항하는 주체들이며, 도나 해러웨이(Donna Haraway)가 '위치지어진 지식(situated knowledges)'[11]이라고 부르는 것의 생산에 참여한다.

선한 의지만으로는 충분하지 않다

지식경제가 지배적인 오늘날, 과학자는 감식가 환경에서 길러지는 대중지성을 절실하게 필요로 하게 될 수 있다. 가꾸어지지 않은 과학이 신비주의 과학이나 과학 숭배로 쉽게 변질될 수 있는 것과 마찬가지로, 무관심한 확신은 불신이나 적대감으로 기울어질 수 있다. 이러한 현상은 연구와 사적 이해관계 사이의 유기적 연결이 더욱 강화될수록 가능성이 높아진다. 앞으로 어느 정도의 기본적인 자율성을 확보하려고 싸우는 과학자는 '연구를 구하자(save research)'는 호소에 그칠 수 없을 것이다.

---

11 [옮긴이주] 과학 지식이 절대적이거나 중립적인 것이 아니라, 항상 특정한 입장, 상황, 관계 속에서 생산된다는 점을 강조하는 개념이다. '상황적 지식'으로 번역되기도 하지만, 이 책에서는 지식이 생산된 맥락과 주체의 위치를 반영하고 있음을 강조하기 위해 '위치지어진 지식'으로 번역했다.

과학자는 연구가 무엇으로부터 구해져야 하는지 말할 용기를 가져야 하며, 자신들이 어떻게 산업적 기회를 제공하는 단순한 공급자가 되도록 압력을 받거나 강요되고 있는지를 공개해야 할 것이다. 그리고 그들은 그들의 말을 듣고 싶어 하는 대중지성을 필요로 할 것이다.

하지만 과학자들은 자신들이 필요로 하는 지지를 얻기 위해 무엇을 해야 하는지를 알아야 한다. 이는 그들이 오늘날 '과학을 이해하지 못하는' 의견으로 치부하며 너무나 자주 무시해버리는 질문들과 이의 제기를 귀 기울여 듣고 진지하게 받아들이지 않는 한 가능하지 않을 것이다. 이러한 관점에서 볼 때, 내가 실망스럽고 불편하게 느꼈던 점은, 처음에는 GMO 및 관련 위험을 다루는 위원회에서 배제되었던 농업학자, 야외생물학자, 집단유전학 전문가 등이 자신들에게 일말의 발언권을 보장해주려고 노력한 이들에게 빚지고 있음을 명확하고 공개적으로 인정하지 않았다는 점이다. 즉 GMO 문제에 대해 좀 더 명확한 입장을 취하도록 공공당국을 설득하고, 전문가들을 보다 일반적인 정치, 사회, 과학 문화의 장으로 이끌어냈던 비판적 시민단체들에게 진 빚 말이다.

여기서 과학의 에토스(ethos) 자체가 쟁점이 되는데, 특히 '사실(facts)'로 간주하는 것과 '가치(values)'로 간주하는 것을 '뒤섞어버릴' 위험이 있는 모든 것에 대한 과학자들의 불신이 그러하다. 깊이 내재된 이러한 불신은 인식론이나 과학사를 다루는 강좌를 듣고 교정될 수 있는 단순한 무지와는 상당히 다르다. 내가 가르쳐본 경험에 따르면, 소위 '경성 과학(hard sciences)'[12]에 등록한 대부분의 학생들은 일단 시험을 통과하면 그러한 강좌들을 잊어버리기로 결심한다. 이는 놀랍지 않은데, 왜냐하면 '경성 과학' 학위를 따려고 등록한 것은 애초에 '호기심'이나 '우주의 신비를 밝혀내고자 하는 열망'(이를 마음에 품고 찾아온 대부분의 학생들은 곧 자신의 착각을 깨닫는다)에 이끌린 것이 아니라, 교육 시스템이 홍보해 온 과학의 이미지에 이끌려 선택했기 때문이다. 그들은 과학이 문제들을 '적절히 제기될(well-posed)' 수 있게 하고, 따라서 '올바른 해답'이 주어지도록 만든다는 것을 배워 왔다. 그리고 그러한 해답들은 논쟁의 여지가 없을 것이고, 누구든 검증할 수 있으며, 따라서 모든 것을 뒤섞어버리는 수다쟁이들을 침묵시킬 것이다. 이 이미지가 아무리 편협하고 기만적일지라도, 학생들을 끌어들이고 선별해내는 힘을 지닌다. 과학을 전공하기로 한 이들은 '단지 말뿐인 수업'이라 여기는 과목들을 어느 정도 견딜 수는 있지만, 그런 수업들을 그들의 훈련에서 중요한 부분으로 여기지는 않을 것이다. 그들의 '진정한' 선생님 다수는 어깨를 으쓱하고 비꼬는 미소를 지으며 '너무 많은

---

12 [옮긴이주] 엄격한 방법론과 객관성을 기준으로 하는 자연과학 및 물리과학을 일컫는 용어로, 연성 과학(soft science)에 대비된다.

일을 벌이지' 않는 것이 중요하다고 현명하게 조언하면서 이러한 편견을 강화할 것이다. 물론 제대로 된 과학자라면 지식의 한계와 정당화의 조건에 관한 인식론적 원칙에 충성을 맹세할 준비가 되어 있겠지만, 이는 형식에 그칠 것이다. 왜냐하면 그들의 지식이 수다쟁이들을 걱정시켜 온 문제들에 대해 '올바르고' 궁극적으로 '합리적인' 해답을 제시하는 것처럼 보이는 순간, 그러한 원칙은 곧 잊힐 것이기 때문이다. 분명히 이러한 에토스는 과학자들이 그들 자신의 지식 유형이 일반적인 문화의 일부가 되는 것을 거부한다는 점을 암시한다. 과학자들의 관점에서 아마추어는 단지 이러한 올바른 해답을 습격하여 이를 쓸모없는 잡담의 세계로 끌어들이는 수다쟁이일 뿐이다.

인식론이나 과학사에 관한 강좌가 이러한 상황을 변화시키기를 바라는 것은 무의미할지 모르지만, 브뤼셀의 대학에서 3년에 걸쳐 수행된 실험은 나에게 또 다른 가능성을 엿보게 해주었다.[13] 과학 전공 학생들이 사회-기술-과학적 논쟁을 마주할 수 있는 하나의 틀이 마련되었고, 학생들은 인터넷상의 자원들을 통해서 해당 쟁점을 스스로 탐색해야 했다. 이렇게 학생들은 미리 정해진

---

13 이 실험은 대학간활동센터(PAI, Pôle d'action inter-universitaire)의 후원으로 수행되었으며, 세르주 구트비르트(Serge Gutwirth)가 '지식에 대한 충성심(Knowledge Loyalties)'('Les loyautés du savoir')이라는 제목으로 이끌었다.

방법 없이 각자의 방식으로 충돌하는 주장들과 부분적이고 편파적인 진실들은 물론 그와 관련된 광범위한 사실들을 찾아낼 책임을 전적으로 져야 했다. 이는 '논쟁 탐구'를 위한 다른 틀(특히 브뤼노 라투르가 파리정치대학(Sciences Po)에서 제자들과 함께 사용한 것[14])과는 달리, 새로운 종류의 전문성을 구축하는 데 참여시키려는 것은 아니었다. 그 틀이 어떤 학생에게 적용되건 그 목적은 학생들의 '사고 습관'을 복잡하게 만드는 것에 지나지 않았다.

학생들이 '현장에서', 즉 웹에서 무언가를 찾아내는 것에 관심이 있다는 사실은 분명했다. 웹이라는 현장은 불확실성으로 특징 지어지는 다양한 상황들로 구성되어 있으며, 그들이 '사실'과 '가치'로 분리할 수 있다고 가정했던 것들이 뒤얽혀 있다. 그들은 '사실'의 권위에 굴복한다고 보이지 않는 모든 것을 '윤리(ethics)'(이제 아무도 정치라는 말을 하지 않는다)로 강등시키는 버릇을 갖고 있었다. 그런데 학생들은 사실에도 서로 충돌하는 여러 유형의 '사실'이 있으며, 각각의 사실들은 그것을 제시하는 사람들에게 그러한 상황에서 중요해 보이는 것과 연관되어 있음을 발견했다. 그러나 그들은 이러한 발견으로부터

---

14 [옮긴이주] 라투르가 개발한 '논쟁의 지도화(the cartography of controversies)'를 말하는 것으로, 행위자네트워크 이론(actor-network theory)에 기반하여 현대의 사회기술적 논쟁을 이해하기 위한 교육 기법이자 연구 방법이다.

회의적이거나 상대주의적인 결론을 이끌어내지는 않았다. 왜냐하면 그들은 이처럼 충돌하고 얽힌 상태를 만들어낸 것은 다름 아닌 ('관심의 문제'로서의) 상황 그 자체였으며, 그렇기 때문에 하나의 중요성의 기준(예를 들어, 증명의 기준)이 다른 모든 기준을 지배할 수 없다는 것을 깨달았기 때문이다. 정말로 그들을 놀라게 한 것은 어떤 이들에게는 중요하게 여겨지는 것들을 과학자들이 너무도 아무렇지 않게 '비과학적'이라거나 '이데올로기적'이라며 무시해버리는 방식이었다.

이 학생들이 과학적 합리성/단순한 의견이라는 대립에 완전히 면역을 갖추었다고 말할 수는 없다. 하지만 나는 적어도 그들 중 몇몇은 혼돈과 혼란, 의심에 빠져들기는커녕 해방감을 경험하는 듯 보였다는 사실에 감명을 받았다. 마치 그들은 사실과 가치, 과학에 대한 충성심과 사회적 양심(의 잔재) 사이에서 선택할 필요가 없다는 것을 발견하며 안도하는 것 같았다. 왜냐하면 그들에게 지식의 연관성을 식별하고 지식의 선택적인 성격, 즉 그것이 중시하는 것과 무시하는 것을 이해하도록 요구하는 것은 상황 그 자체였기 때문이다. 과학과 너무나 자주 연관되어 있는 이러한 호기심이 처음으로 요청되고 북돋아지는 것 같았다.

분명 내가 방금 설명한 것과 같은 실험은 충분하지 않지만, 프랑스 연구 기관의 2004년 경고에서 놀랄 만한 방식으로 재생산된 슬로건들의 영향력을 약화시키는 데에 필요할지도 모른다. 호기심은 인식론자들의 핵심에 가까운 비판적 성찰성보다 훨씬 더 많이 북돋아져야 하는 것이자, 무엇이 중요하고 무엇이 중요하지 않은지에 대한 판단에서 해방되어야 할 대상으로 보인다. 아마도 이러한 호기심이 서로 다른 분야의 학생들을 한데 모으고 함께 일할 수 있도록 할 것이다. 학생들로 하여금 각자 익숙한 추상화 방식들로부터 거리를 두게 만드는 상황에 집단적으로 마주하게 하고, 무엇보다도 두 가지 두려움을 극복하게 만들 것이다. 첫 번째 두려움은 '경성' 과학자들이 '다룰 수 없는' 질문에 직면했을 때 느끼는 두려움이다. 두 번째는 소위 경성 과학의 권위에 직면한 '문학' 혹은 '인문학' 전문가들의 두려움이다. 요컨대, 함께 일하는 가운데 그들은 내가 '지성'이라고 부르는 것에 대한 감각을 길러낼 수 있을 것이다. 그리고 과학자들 스스로가 지성에 대한 감각을 갖지 않는 한 과학에 대한 대중지성은 결코 존재할 수 없다.

시험대에 놓인 과학

과학자들은 이러한 대중지성의 출현을 필요로 하는데, 그들이 현재 전통적인 산업 동맹들의 무제한적인 힘에 직면했을 뿐만 아니라, 눈덩이처럼 불어나는 또 다른 위협이 있기 때문이다. 방금 나는 자원이 풍부한 인터넷을 예시로

들었지만, 인터넷은 당연히 소문과 음모론, 그리고 가장 터무니없는 아이디어의 주요 매체이기도 하다. 이러한 관점에서, 과학이 스스로에게 부여해 온 동화 같은 이미지는 과학에 불리하게 되돌아온다. 왜냐하면 터무니없는 아이디어들도 똑같은 이미지를 보증할 수 있기 때문이다. 이들은 자신들이 결정적이어야 할 '사실들'을 내놓지만 '정통' 과학자들이 이를 받아들이지 않는 이유는 그들이 순응적이거나 맹목적이거나 소심하거나 심지어 부패했기 때문이라고 몰아붙일 수 있게 되는 것이다. 여기서 우리는 '사실'에 대한 문화가 부재한 탓에 비싼 대가를 치르고 있다. 즉 사실이라는 것이, '유효한 사실'과 그것이 뒷받침하는 이론이 공동으로 구성되는 고된 집단적 과정을 거쳐서 엄밀하게 구성되는 것이라는 인식이 결여된 탓이다.

그러나 이는 또 다른 문제를 제기한다. 그러한 과정은 노동과 자원의 차원에서 비용이 많이 들고, 과학자들은 자신들이 (그리고 그들의 자금 조달 기관이) 관심을 가지는 것에 한해서, 그리고 그것이 '수고할 만큼 가치가 있다'고 보일 경우에만 작업에 착수할 것이다. 과학자들은 일반적으로 [연구 주제를] 선택하는 기준에 관해서는 말을 아낀다. 하지만 2004년 연구자들처럼, 그들은 오직 과학자들만 유망한 연구 분야를 식별할 수 있다고 생각하여 다른 이들을 무시하거나 배제할 권리를 주장하기도 한다. 필요하다면, 그들은 자신들의 연구 선택을 정당화하는 데 있어서 몇 가지 피상적인 논거만을 다소 독단적이고 성급하게 제시하는 데 그칠 것이다(그러한 논거를 다듬는 것은 소중한 시간을 낭비하는 것을 의미한다).

그러나 인터넷은 이러한 상황을 변화시킨다. 많은 청중이 주어진 이유들의 약점을 드러내는 반론을 제기하게 해주기 때문이다. 그리고 그러한 반격이 이해관계가 충돌하는 수많은 사례를 끌어낼 수 있다면, 그리고 해당 과학이 자기가 봉사하고 있는 이해관계에 불리한 사실들을 어떻게 무시하는지를 고발할 수 있다면, 그 반격은 더욱 위협적이게 된다. 과학자들이 어떤 제안을 주목할 만한 가치가 없다고 생각하는 이유가 신뢰할 만하더라도 그러한 고발은 지속된다. 지식경제의 본질과 그것이 만들어낸 연구 주제 선택과 사적 이해관계 사이의 의존성이 그러한 신뢰를 쉽게 훼손시킬 수 있기 때문이다.

과학에 대한 새로운 대중적 이미지, 즉 부정(不正)하고 타협적인 사업이자 자유로운 진리를 옹호하는 소수의 용맹한 수호자들만 이에 저항하고 있다는 이미지가 자리 잡으면서 생겨난 상황은 대단히 파국적이다. 더군다나 과학자들이 이러한 상황에 대처할 준비가 부족하다는 점에서 더욱 그렇다. 그들에게는 내부 소속의 소통 전문가들만 있을 뿐, 인터넷상에서의 '자유로운' 동맹은 부족하다. 이로 인해 그들은 과학과의 '지성적인' 관계가 부재한 대가를 혹독하게 치르게 된다. 즉 **복잡하고**

비판적이고 까다로우며, 선택의 이유를 경청하고 필요하면 그것에 대해 논의하고 옹호할 수 있는 사람들인 '감식가들'에 의해 가꾸어진 관계가 없는 것이다.

그러나 이제 다시 한번, 그러한 '자유로운' 동맹들의 지지를 획득해야 한다. 그러한 동맹이 존재하기 위해서는 과학자들이 자신들의 선택에 대해 설명할 준비가 되어 있어야 한다. 그리고 이는 감식가들의 지성을 모욕하지 않으면서 흥미로운 논쟁을 북돋을 수 있게 '생각할 거리'를 생성하는 방식, 요컨대 과학의 권위를 공격하거나 '비이성의 밀물'을 비난하는 근시안적 게임에 자리를 내주지 않는 방식이어야 한다. 그렇게 설명하는 능력이 지성과 상상력을 요구하는 만큼, 무엇이 관심을 받을 가치가 있는지를 결정하는 기준은 관행이나 유행하는 우선순위, 굳어진 태도에 의해 결정되는 것에서 벗어나 조금 더 개방적이어야 한다.

최근의 상황은 더욱 재앙적이다. 인터넷 청중이 어느 정도 계몽되고 대체로 진실된, 바쁘고 고립된 개인들뿐 아니라, 보수를 받는 영리한 전략가들로 구성되어 있기 때문이다. 나오미 오레스케스(Naomi Oreskes)와 에릭 M. 콘웨이(Erik M. Conway)의 열정적이고 충격적인 책, 『의혹을 팝니다』는 담배의 위험부터 오늘날 기후변화의 위협까지 이러한 '불편한' 문제들과 연관된 과학적 연구의 신뢰성을 훼손하려고 시도해 온 '상인들'이 초래한 장기적인 피해를 폭로한다.[15]

불편한 진실

갈릴레이 이래로 줄곧 과학자들은 '불편한 진실'을 찾아낸 것에 대해 스스로를 자랑스러워해 왔다. 우리는 지구가 우주의 중심이 아니라는 것을 주어진 것으로 여기겠지만, 다윈 이래로 성서(또는 코란)의 글귀를 고수하는 사람들을 '불편하게' 해온 생물학적 진화의 경우에는 그렇게 간단하지만은 않다. 그럼에도 이러한 신자들과, 오늘날 자신의 주장을 최대한 홍보하기 위해 의심을 파는 상인들에게 돈을 지불하는 사람들 사이에는 큰 차이가 있다. 진화론은 모든 종(species)이 따로따로 창조되었다고 설명하는 성경의 기록을 반박하기 때문에 신자들을 불편하게 만든다. 의심의 상인들이 겨냥하는 '진실'은 기존의 사실을 반박하기 때문이 아니라 그 정치적, 경제적 결과들 때문에 불편하다. 이로써 과학자들은 '사실'이 '생산성 증대'에 도움이 될 때에만 전통적인 동맹들에게 의존할 수 있다는 것을, 그리고 그렇지 않을 때 그 동맹들은 끊임없는 회의론을 조장하는 자로 변할 수 있다는 점을 깨닫고 놀라곤 한다.

---

15 Naomi Oreskes and Erik M. Conway, *Merchants of Doubt: How a Handful of Scientists Obscured the Truth on Issues from Tobacco Smoke to Global Warming*, New York: Bloomsbury Press, 2010. 한국어판, 유강은 옮김, 미지북스, 2012.

그러나 '증거가 없으므로 그것은 단지 하나의 의견일 뿐이며 따라서 다른 의견들과 같은 수준으로 취급할 수 있다'는 회의적인 후렴구에서 표현된 상인들과 신자들 사이에는 공통된 맥락이 있다. 과학과 의견의 차이를 만들어내는 것이 바로 증거의 권위라는 발상이 이번에는 과학자들 자신을 배반하는 것이다.

이러한 권위에 대한 생각은 실험과학의 맥락에서는 부정할 수 없는 연관성을 갖는다. 하지만 그것이 '현장' 과학이나 시험하고 재연할 수 있도록 충분히 정제될 수 없는 상황으로 일반화될 때에는, 무너뜨리기 쉬운 통일된 허울이 만들어진다. 그렇기 때문에 진화론자들은 그들이 '생물학적 진화의 증거'라고 부르는 것들이 실험과학자들을 웃게 만들 법한 수준의 증거라는 것을 인정해야 한다. 그들은 자신들의 사실이 단지 지표에 불과하다는 점을 인정할 만큼 용감해야 한다. 그러면 그들은 자신들에게 진정으로 중요한 것, 즉 다윈 이래로 그러한 사실들이 증식하며 지구상의 생명의 이야기를 더욱 치밀하고 흥미롭게 만들어 가는 방식에 무게를 실을 자유를 얻게 될 것이다. 스티븐 제이 굴드(Stephen Jay Gould)가 훌륭하게 보여주었듯이, 진화과학에 강건한 성격을 부여하는 것은 '증거'가 아니라 다윈주의적 관점에서 이해가 가능해지고 흥미로워지는 사례들의 숫자와 다양성이다. 이러한 생산성은 진화론을 창조론이나 지적 설계론과 구별하기에 충분하다. 후자들은 이와 같은 [탐구의] 과정을 특징으로 갖지 않는데, 그들이 책임자로 내세우는 설계자가 모든 것을 설명해낼 수 있기 때문이다.

또한 의심의 상인들은 '과학적 증거'라는 개념을 사용하여 최선을 다하고는 있지만 정확한 질문에 답하기 위해 설정된 실험 상황과는 전혀 다른 문제들에 관여된 연구자들을 공격한다. 반-다윈주의자들과 마찬가지로, 그러한 상인들은 전문가들 사이의 논쟁을 기회로 활용한다. 전문가들에게는 현장으로부터 나온 데이터뿐만 아니라 복합적으로 맞물린 과정에 대한 모델에 의존하는 것이 매우 자연스럽다. 그러나 이와 같은 어려움은 이러한 상인들에 의해 '그들이 우리에게 숨기고 있는' 중대한 불일치로 묘사된다. (증거가 없을 때에는 오직 의견만 있기 때문에) '의견의 균형'이 준수되어야 한다는 명목하에, '회의주의자들'은 기후 변화에 대한 의문이 제기될 때면 언제 어디서든 그들의 사례가 청취되어야 한다고 요구한다. 그리고 그들은 논쟁이 여전히 열려 있고, 과학자들은 정말로 분열되어 있으며, 위험은 부풀려졌을 수 있다는 인상을 만들어내는 데 완전히 성공해 왔다.

과학이 사실의 권위에 기초하여 제시되었을 때, 과학은 감식가를 필요로 하지 않았다. 설상가상으로, 과학은 과학적 실행의 환원 불가능한 다원성(plurality)을 조금이라도 강하게 주장하는 이들을 의심했다. 즉 인간이 물을 수 있는 모든 질문에 답을 제공하는 '과학적 실재'의 승리로 나아가는, 단조로운 과학적 진보라는 이미지가 허구라는 주장을 경계했던 것이다. 오늘날 상황은 달라졌는데, 왜냐하면 '인류의 사고하는 두뇌'로서의 과학의 자아상이 과학 제도들에 역효과를 불러왔기 때문이다. 이러한 이미지는 존경심을 불러일으키는 데에만 효과적이었을 뿐, 실질적인 적들과 대결하는 상황에서는 과학을 무방비 상태로 남겨 두었다.

의심의 상인들에게 저항하기

지구 생명의 역사는 매혹적이며, 이는 스티븐 제이 굴드의 책들이 성공을 거둔 사실에서 잘 드러난다. 이 역사는 그것이 열어 놓은 관점의 풍부함에 관심이 있는 감식가들에 의해 그 가치가 인식될 수 있다. 이런 의미에서, 진화과학의 견해를 본질적으로 논쟁적인 것으로, 그리고 '행동'을 오직 하나의 과학적 설명인 선택의 효과로 환원하지 않으려는 이들을 불편하게 만들기 위한 학문으로 묘사하는 주요 인사들이야말로 창조론자들의 가장 좋은 동맹이라고 할 수 있다. 반대로, 과학자들에게 충격을 줄 위험을 무릅쓰고 말하자면, 나는 지구의 모든 사람들이 가능한 한 빨리 진화론적 관점을 받아들이는 것이 그렇게 중요하다고 생각하지는 않는다. 그리고 바로 이런 이중적인 관점에서, 반-진화론적 의심을 현재 '의심의 상인들'이 퍼뜨리는 것으로부터 구별할 근거가 있다고 본다.

분명히 이러한 상인들은 대부분의 경우 실제로 '불편해진' 이해관계가 있는 산업체들로부터 보수를 받는다. 그러나 전부가 그런 것은 아니다. 그들 중 일부는 이성이 해방시킨 인간 진보의 거대 서사를 불편하게 만드는 모든 것에 반대하거나, 혹은 과도하게 불안을 부추기는 '극성스런' 과학이 조장할 수 있는 '사실'과 '가치'의 위험한 혼동에 반대하는 데 동원되어 개발과 자유시장경제의 비판자들과 동맹을 맺기도 한다. 그러나 결국 우리 중 누가 기후 이상의 전망이 사라지기를 바라지 않겠는가? 누가 세상이 덜 위험해 보이고, 우리의 활동과 생활양식이 지금보다 더 양호한 결과를 낳기를 바라지 않겠는가? 우리 모두는 이 특정한 '불편한 진실'에 직면했을 때 현실을 회피하고 싶은 유혹에 취약하다.

더군다나 이 경우에는 시간이 중요하다. 우리는 이미 기후변화와 관련하여 이를 알고 있다. IPCC(기후변화에 관한 정부 간 협의체)의 카산드라[16]들이 우리에게 경고해 왔듯이, 만약 우리가 아무 일도 일어나지 않은 듯 겉치레에 불과한

---

16 [옮긴이주] 사람들의 믿음을 얻지 못하면서 불길한 일을 예언하는 사람을 가리킨다.

조정만을 일관한다면 재앙은 대재앙이 될 수 있다(우리는 카산드라가 **옳았다**는 것을 자주 잊어버린다). 그러나 이는 확신이 없는 상황에서는 더 많은 연구가 필요하며 확실한 증거를 기다리는 것이 더 낫다고 주장하는 산업계에도 중요하다. 그들이 우리가 잊기를 바라는 것은, 만약 반박할 수 없는 확실성이 생겨난다면 과학에서 비롯된 것이 아니라 오히려 너무 오랫동안 망설이고 기다려온 결과일 것이며, '실재' 자체가 그 시연에 나서기로 했다는 뜻이라는 점이다. 물론 이는 우리를 불쾌하게 할 것이다. 사업에 종사하는 사람들에게 시간을 번다는 것은 단지 조금 더 오래 돈을 번다는 의미에 그치지 않는다. 그것은 또한 우리가 그들과 그들의 '해결책'에 의존할 수밖에 없는 미래를 준비하는 것을 의미하며, 그때에 이르러 이러한 해결책은 '유감스럽지만 필요한 것'으로 주어질 것이다.

대중지성의 문제는, 특히 그것이 과학의 다원성과 우리가 각 과학에게 정당하게 요구할 수 있는 바에 적용한다면, 이러한 종류의 관점에 직면했을 때 상당히 경미하게 보일 것이다. 그러나 이러한 다원성을 무시하면서 '무엇을 입증하는 과학'의 모델을 계속해서 홍보하는 것은 의심의 상인들에게 무법적으로 공격할 힘을 허용해 왔다. 오레스케스와 콘웨이가 보여주듯이, '공격'을 받고 있는 과학자들은 자신들이 표적이 되어 겪은 개인적 괴롭힘을 공개적으로 고발하거나, 적들의 부정직함을 가차없이 폭로하면서 대담하게 반격할 수 있는 '영웅'이 아니다. 과학자들은 그런 일에 선발되거나 훈련되지 않았다. 반대로, 그들은 대중과 적절한 거리를 유지해야 하며, 과학자의 유일하게 진정한 임무는 지식을 생산하는 것임을 함축하는, 과학의 공통된 에토스를 공유한다. 자신들의 연구에 대한 기만적인 묘사와 싸우는 것을 포함하는 다른 모든 것은 유감스러운 산만함이자 시간 낭비인 것이다. 특히 기후과학자들이 필요로 하는 것은 기후를 해독해내기 위해 필요한 것에 대한 대중의 이해이다. 이를 위해서는, 기후과학자들을 향한 공격자들의 전략에 맞서서 동원될 수 있는 감식가들의 중재가 필요하다.

앞으로 '불편한 진실'이 그 어느 때보다도 증가할 것이라는 점을 감안할 때, 대중지성의 문제는 지금까지 볼 수 없었던 강도로 과학과 정치를 결속시킬 것이다. 어떻게 우리는 '관심의 문제', 그리고 공동의 미래와 관련된 선택들을 전유한 과학자들에 맞서 싸울 수 있을까? 동시에 우리가 역사 부정주의자나 인종주의자나 일부 호전주의자(외람되지만 베르나르-앙리[17])를 다룰 때 배웠듯이, '의심의 상인들'을 식별하는 법을 배우고 그들을 공개적이고

— **17** 리비아에 민주주의를 수립하기 위해 전쟁을 벌이겠다는 결정을 내리는 데 강경하고 매파적인 역할을 한 프랑스의 유명한 철학자 베르나르-앙리 레비(Bernard-Henri Lévy)에 대한 언급이다.

무자비한 방식으로 실격시킬 수 있을까? 공격당하는 과학자들이 과학과 의견 사이의 대립을 이전보다 훨씬 더 경직되게 만드는 것을 어떻게 막을 수 있을까? 또한 권위에 대한 과학의 주장을 경계할 충분한 이유를 지닌 사람들이 조직화된 의심의 유혹에 굴복하는 것을 어떻게 막을 수 있을까?

다른 어디에서나 마찬가지로, 여기서도 시간이 얼마 남지 않았다. 그래서 과학이 감식가들의 환경을 길러낼 수 없는 것이 얼마나 건강하지 못한 상태인지를 레비-르블롱이 경고한 지 30년이 지난 지금까지 애석하게도 그러한 환경이 결여되어 있음을 떠올리면 걱정스럽다.

2장

올바른 자질을 갖춘 연구자들

젠더와 과학

과학과 젠더의 관계를 이야기할 때 가장 흔히 사용되는 방식으로 시작해보자.[18] 우리 모두 알다시피, 정치와 과학 당국은 젊은이들이 과학에 관심이 부족하다고 우려하고 있다. 그들은 역사, 사회학, 심리학 같은 분야에 대해서는 이러한 걱정을 하지 않는다. 하지만 그들은 미국의 의사 결정자들이 **건전하다**고 여기는 과학에 대해서는 걱정한다. 여기서 건전한 과학이란 이미 입증된 업적을 지닌 과학과 무언가를 입증할 수 있는 과학을 모두 의미한다. **건전한 과학**(sound science)은 '경성 과학(hard science)'보다 훨씬 더 무례한 용어로, **건전한**의 반대말(수상쩍은, 의심스러운,

---

[18] 이 장은 2009년 10월 15일 제네바대학교에서 개최된 '학문에도 성별이 있는가? 학문적 탁월성에 대한 의문(L'Homo academicus a-t-il un sexe? L'excellence scitnfique en question)' 학회에서 처음 발표되었다. 초기 버전은 '연구자의 자질: 젠더화된 구성?(L'étoffe du chercheur: une construction genrée?)'이라는 제목으로 파리나스 파나와 사비네 크라돌퍼가 엮은 *Le Plafond de fer de l'université. Femmes et carrières*(대학의 강철 천장: 여성과 커리어), Zurich: Editions Seismo, 2010, pp. 25~40에 수록되었다.

가짜)이 노골적으로 경멸적이기 때문이다. 무언가를 입증할 수 있는 과학만이, 다시 말해 사실을 권위 있게 제시할 수 있는 과학만이 자격을 인정받아 실격을 면할 만한 가치가 있다고 여겨진다. 이런 과학이 바로 젊은이들이 대거 떠나는 과학이다.

기술-과학적 노동력이 부족한 시기에 여성은 즉시 활용 가능한 인적 자원의 일부임에도 불구하고 이들이 과학 연구에서 배제되고 있는 현상을 젠더 구성의 문제로 이해하려는 생각은 이러한 맥락에서 등장한다. 연구와 혁신의 미래가 달린 인재 풀의 일부를 등한시하는 것은 어리석은 일이므로, '소녀들'이 단지 '젠더화된' 표상 때문에 기피하는 그 직업에 관심을 갖도록 하는 것이 중요한 과제가 된다. 원칙적으로 과학은 모두에게 똑같이 열려 있으나, 여학생들이 과학을 선택하지 않는 이유는 과학이 자신과 맞지 않는다는 믿음 때문이라는 주장이 제기된다. 다시 말해, 젠더 문제는 순전히 허구적인 표상과 관련된 것이므로 더 나은 정보를 제공하거나 이미지 변화를 통해 이를 바로잡을 수 있다는 것이다. 여기서 젠더에 관해서는 과학이 중립적이라는 것이 이 상황의 '현실'로 간주된다

과학계로 진출하는 젊은 인원의 감소는 종종 사회적 현상으로 분석된다. 오늘날 젊은이들은 명백하게도 '진짜' 과학의 까다로운 요구에 자신을 헌신하기를 거부하고, 대신 즉각적인 보상이 있는 직업을 찾는 경향이 있다는

것이다. 따라서 과학은 사회적 사실의 무고한 희생자가 된다. 비판자들은 이제 사회가 더 이상 연구자들이 우리 모두를 대표해 수행한 위대한 모험에 경의를 표할 줄 모르며, 심지어 인류의 진정한 소명에 충실하지 못하다고 주장한다.

호기심으로 상징되는 우주의 신비를 밝혀내는 진정한 소명과 과학적 진보가 가져온 이익이라는 이야기는 우리를 미소 짓게 한다. 하지만 이러한 소명은 주로 젊은이들, 특히 아주 어린 아이들을 대상으로 홍보된다. 과학에 구미가 당기게 하려는 과학 기관들의 이러한 홍보 방식은, 내가 감히 말해보자면, 일종의 소아성애처럼 보인다. 이는 아이들의 영혼을 포획하려는 갈망이다. 이러한 방식은 과학의 취향이 기묘한 기계장치와 사심 없는 질문을 향한다고 믿게 만들며, 이를 다시 위대한 모험으로서의 과학에 대한 갈망과 연결시킨다. 물론 이러한 취향은 학생들이 대학에 입학하는 시점에서는 더 이상 중요하게 여겨지지 않으며 그들이 연구 경력을 진지하게 고려하기 시작하는 단계에서는 더욱 그러해진다. 이제 젠더를 막론하고 박사과정생이나 박사후연구원을 포함한 젊은 연구자들은 더 이상 위험에 처한 주요 자원으로 고려되지 않으며, 가혹한 근무 조건과 치열한 경쟁이라는 현실을 받아들여야 하는 상황에 처한다. 그들은 웃는 얼굴로 이를 견뎌야 한다. 어린 시절 그들에게 제시되었던 인간의 호기심을 향한 위대한 모험은 이제 몸과 영혼의 헌신을 요구하는 소명이라는 주제로 대체된다. 이

점이 바로 오늘날 젊은이들이 더 이상 받아들이지 않는다고 비난받는 부분이다. 그것은 과학에 종사하는 데 따르는 희생을 감내하라는 요구다.

무엇이 과학적 소명을 정의하고 어떤 자질(stuff)[19]이 **진정한** 연구자를 만드는가? 이 질문은 대다수의 여성에게 직접적으로 차별적 영향을 미친다는 점에서 분명 젠더화된 구성이다. 연구 경력은 남성을 위해, 특히 가정에서 그를 지원하는 여성이 있는 남성을 위해 설계된 것이라고 말할 수 있다. 그 여성들은 가정에서 아이를 돌보고, 실질적인 문제들을 살피며, 남성들이 실험실에서 밤새도록 일을 하고, 연구 경력으로 기대되는 해외 출장이나 수많은 교육 워크숍에 참석할 수 있도록 뒷받침한다. 여성이 그러한 경력을 얻기 위해 치러야 하는 대가는 훨씬 더 차별적이다. 왜냐하면 누가 '진정한 연구자'로 인정받을 자격이 있는지를 결정하는 판단의 핵심에는 바로 이 소명에 대한 특정한 정의가 자리 잡고 있기 때문이다. 가족을 책임지는 여성에 대해서는, 그(she)[20]가 그러한 책임을 선택했다는 사실

---

19 [옮긴이주] 원서의 étoffe, 영역본의 stuff라는 단어의 본래 뜻은 재질에 가깝지만 이 장에서는 사람의 소질 혹은 능력을 함께 표현하고 있다는 점에서 '자질'로 번역했다.

20 [옮긴이주] 원문에서 저자는 특정되지 않은 인물을 나타낼 때, 여성형 인칭 대명사(she)와 그 소유격을 사용한다. 이는 여성을 행위자로 드러내기 위한 저자의 전략으로 이해된다. 번역본에서는 독해의 편의를 위해 이를 '그녀'로 번역하는 대신 '그'로 번역했다.

자체가 그가 진정한 연구자의 '자질'을 갖추지 못했음을 보여주는 것이라고 이야기되곤 한다.

그러한 희생을 영웅적으로 감내하는 것은 처음부터 소명이 입증되는 방식이다. 남성이든 여성이든, 연구를 포기하는 사람은 '올바른 자질(right stuff)'을 지니지 못한 사람으로 여겨질 것이다. 미국항공우주국(NASA)의 머큐리 프로젝트에서 첫 우주 조종사가 되기 위해 훈련을 받은 시험 조종사들의 이야기를 담은 톰 울프의 책이 이를 잘 보여준다.[21] 시험 조종사가 작업 중 사망하면, 그의 동료들은 '그가 올바른 자질을 갖추지 못했다'고 말한다. 흥미로운 점은 조종사가 탑승하는 시험기마다 그가 사망에 이를 수 있는 이유가 수도 없이 많기 때문에 올바른 자질에 대해 명확하고 긍정적인 정의는 존재하지 않는다는 것이다. 그 표현은 바로 이처럼 받아들일 수 없는 정도의 의존성, 즉 시험 비행을 위해 어떤 하늘을 나는 관[22]이 주어지든

— 이는 저자의 의도를 좇아 여성을 지우기보다는 오히려 여성을 기본으로 하려는 번역자들의 전략이다. 한국어의 인칭 대명사인 '그'가 성별을 지칭하지 않으며, 오히려 그녀로 번역하는 것 이 여성을 표지하는 방식이 되기 때문이다.

21 Tom Wolfe, *The Right Stuff*(올바른 자질) New York: Farra, Strauss and Giroux, 1979. [옮긴이주] 톰 울프(1930~2018)는 미국의 저널리스트이자 소설가로 본문에서 언급된 그의 책은 동명의 영화와 드라마로 제작되었으며 국내에는 〈필사의 도전〉이라는 제목으로 소개되었다.

22 [옮긴이주] 시험용 비행기를 의미한다.

사망한 조종사는 그저 올바른 자질을 갖추지 못한 사람으로 치부된다는 사실을 감춘다.

내가 지금까지 이야기해 온 방식에서 본다면 이러한 '자질'이라는 문제가 연구 실력과 직접적으로 관련이 없다는 점은 굳이 강조할 필요도 없을 것이다. 누구도 사망한 조종사가 나쁜 조종사였다고 말하지 않는다. 오히려 자질에 대한 논의는 조종사들이 시험해야 했던 시제품의 기술적 타당성처럼, 결코 의문이 제기될 수 없는 것, 아무도 언급하거나 비난하지 않는 것을 간접적으로 나타낸다. 따라서 여기에는 이상형이나 아비투스(habitus)와 같이 우리가 익히 아는 사회학적 범주로 포착하기 어려운, 그보다 더 미묘한 무언가가 존재한다. 자질의 문제는 **지금 논의되고 있지만 누구도 묻지 않을** 질문들과 연결되며 차이를 구성하는 방식에 꽤 구체적으로 초점을 맞춘다. 또한 이는 이를 악물고 견디는 태도와 늘 따라다니는 유혹에 저항하는 능력과도 관련된다. 시험 조종사에게는 자신의 생사가 걸린 문제에 대해 우려를 표하는 것 자체가 철저히 금지된다. 어떤 비행기가 주어지든 그는 무엇도 묻지 않고 조종석에 오른다.

시험 조종사가 지닌 가치에 대한 이 모든 논의는 볼탕스키와 테브노의 『가치의 경제학(Economies of Worth)』에서 다루는 무엇이 '위대함'으로 간주되고 무엇이 '사소함'으로 간주되는지를 판단하는 방식과 연결된다.[23] 그러나 시험 조종사를 구성하는 '자질', 즉 그의 가치는 볼탕스키와 테브노가 말하는 것과는 대조적으로, 부정적으로 정의되기 때문에 '젠더화된' 가치의 본질적인 특징을 지니는 것처럼 보인다. '진정한 조종사'는 비표지된(non-marked) 표준이며, 이는 남성이 여성에 대해 표지되지 않는 존재인 것과 마찬가지다. 좋은 조종사를 만드는 것이 무엇인지 알 수 없다. 다만 표지된 존재는 언제나 죽은 자들이다. 따라서, 오직 추락만이 그들이 갖지 못한 무언가를, 하지만 다른 이들은 가지고 있던 것을 증언한다. 여기서 신성한 선택의 신비를 이야기할 수도 있지만, 과학자들이나 시험 조종사들 중 어느 누구도 이러한 종류의 신비에 휩싸여 있는 것처럼 보이지는 않는다. 우리가 다루고 있는 이 구성은 그것이 현실을 서술하려는 의도를 지니지 않는다는 점에서 독특하지만, 이 때문에 그것을 환상이라고 부르는 것은 부적절할 것이다. 그것은 오히려 자기 자신과 타자 간의 특별한 관계를 형성하며, 사물들을 '결속시킨다'는 점에서 '진실'이다. 이러한 구성은 특정한 에토스를 전제하고 만들어낸다.

---

23 Luc Boltanski and Laurent Thévenot, *On Justification: Economies of Worth*, trans. Catherine Porter, Princeton: Princeton University Press, 2006. [옮긴이주] 뤽 볼탕스키(1940~)와 로랑 테브노(1949~)는 프랑스의 사회학자로, 사회적 행위와 정당화, 가치 체계, 비판과 권력의 작동 방식을 분석하는 연구를 수행했다.

내가 여기에서 주목하고자 하는 것은 바로 이 에토스, 즉 자질이다. 그것은 분명 남성과 여성 사이의 차별을 원형으로 하는 구성이자, 동시에 어디에나 퍼져 있는 구성이다. '진정한 시험 조종사'라는 구성은 전적으로 사내다운 집단에 국한된 반면, 미망인이나 살아남은 자의 아내에게는 소란을 피우지 않고 조용히 지내는 태도가 의무처럼 요구된다.

진정한 연구자들

이 가설에 따르면 '진정한 연구자'(이 명칭에 합당하다고 여겨지는 여성을 포함하여)가 되는 자질을 따져 묻는다는 것은 현실을 왜곡하지 않으면서도 그 현실이 제기하는 질문들에 대해서는 철저하게 무감각할 것을 요구하는, 놀라운 힘을 부여받은 하나의 구성 자체를 조사하는 것이다. 이들은 주로 '물론 우리도 알고는 있지만, 어쨌든…'이라는 부정의 형태로 표현되며, 어떤 경우에도 진정한 연구자라면 이를 악물고 그런 질문들을 무시해야 한다.

특정 국가들(악명 높게도 프랑스를 제외한 곳들)에서는 페미니즘이 우리 학계에서 지식이 가꾸어지는 방식에 새로운 질문들을 제기했으며, 과학적 에토스의 여러 측면에 도전했다는 점은 의심의 여지가 없다. 그러나 오늘날 이 중요성을 새삼스럽게 상기시키는 주목할 만한 페미니스트

사상가가 있다. 바로 버지니아 울프다(그의 비웃음 소리가 들리는 것 같다). 울프의 『3기니』는 대의에 동참하라는 세 가지 요청에 개별적으로 동의하면서 서로 얽혀 있는 세 개의 답변으로 구성되어 있다.[24] 그 답변들은 강렬하며, 그 통렬한 명료함은 우리가 그 합의를 단순한 선의의 제스처로 받아들이지 못하게 만든다. 오늘날 '연구를 구하자'는 호소를 듣는다면, 울프가 어떻게 반응했을지를 상상하기란 그리 어렵지 않다.[25] 이는 과거 페미니스트들이 '다른 과학'을 만들고자 시도했던 작업을 무효화하는 것은 아니다. 그러나 울프의 비웃음을 듣자니 그의 사상이 지나치게 비관적이라 여겨졌던 시기로부터 우리가 얼마나 멀리 왔는지를 실감하게 된다. 당시 학문이 요구하는 잔인한 에토스를 소녀들은 바꿀 수 없으며, 따라서 여성들이 '교양 있는 남성'의 긴 행렬에 합류해서는 안 된다고 여겨졌다. 오늘날 이 행렬은 이전의 웅장함을 대부분 잃어버려 다소 초라하고 불안해 보이지만, 울프가 끊임없이 물어야 한다고 주장했던 그 질문에 대해 잠시라도 생각할 시간을 갖자고 주장하는 여성들과 남성들을 여전히 배제하고 있다. 울프는 모든 시대와 장소에서 "우리가 속한 이 '문명'이 무엇인지"에

---

24 Virginia Woolf, *Three Guineas*, Orlando: Harcourt, 1966[1938].
25 2004년 이래로 공개 시위와 청원을 조직한 프랑스 운동 'Sauvons la recherche(연구를 구하라)'를 암시.

대해 "생각하기를 결코 멈추지 말자"라고 썼다.[26] 그리고 이 물음을 확장하면, 다음 질문으로 이어진다. 탁월성이라는 이름하에 파괴되고 있는 이 학문 세계는 무엇인가? 우리는 실제로 과거로 무너져 내리고 있는 세계에 대한 향수라는 함정에 빠지지 않기 위해서, 생각해야만 한다.

『3기니』에서 이 세계를 분석하는 울프의 시선은 가차없이 날카롭다. 물론 그는 순응적이면서도 은밀하게 폭력적인 이들, 그리고 자신이 처한 위험을 감지하는 순간 그 폭력성을 터뜨리는 이들을 양산하는 영국 명문 대학들에 휘발유를 들이붓고 성냥을 가져다 대고 싶은 유혹을 느낀다. 울프가 이 충동을 거부하는 유일한 이유는 이러한 대학들이 소녀들에게 생계를 꾸릴 수 있는 학위를 제공하는 장소이기 때문이다. 그럼에도 그는 그러한 기관들이나 명성과 영향력을 약속하는 다른 전문 직업군 안에서 자신의 경력을 쌓는 것은 피하라고 조언한다. 소녀들은 자신을 실제로 해방시킬 수 있는 지식을 습득하기 위해 대학을 이용하되, 외부인으로 남아야 한다. 그렇지 않으면 공격적인 경쟁, 지적 매춘, 추상적인 이상에 대한 집착과 같이 그 직업이 요구하는 에토스에 순응해야 하기 때문이다.

요컨대, 울프는 내가 '연구자의 자질'이라고 부른 것에 대해 훌륭한 해결책을 지닌 것으로 생각된다. 그는

---

26 Woolf, *Three Guineas*, p. 63.

오늘날 학자들이 학문 세계와 학술 실천을 재정의하면서 그들이 보여주는 복종과 수동성에도 전혀 놀라지 않았을 것이다. 이러한 재정의는 울프가 지적 매춘이라 비난했던 체계적 실천을 진정으로 요구하는 방식으로, 객관적으로 평가된 탁월성이라는 이름하에 수행되고 있다. 이러한 자질은 '좋은' 연구자의 특성을 나타내지 **않으면서도** '진정한' 연구자가 무엇인지를 결정짓는 기준이 되기 때문에, 울프가 묘사한 끔찍한 변형과도 연결될 수 있다. 울프는 '많은 이들에게 존경받던 사적 형제'가 사라지고 그 자리를 대체한 '목소리가 크고 주먹은 단단하며 유치하게 땅바닥에 분필로 선을 긋고 인간을 엄격하게 분리하여 그 신비로운 경계 안에 인위적으로 가두려는 괴물 같은 남성'을 묘사한다.[27] 무자비하고 철없는 이 남성은 '진정한 과학자'를 구분하는 '신비한 경계'가 위협받거나 '상대화'된다고 느낄 때 그 모습을 드러낸다. 그는 '의견'이라는 유혹에 저항하는 영웅적 연구자라는 자신의 이미지가 위태로워질 때 자주

---

27 Woolf, *Three Guineas*, p. 105. [옮긴이주] 여성의 남자 형제를 뜻하는 사적 형제(private brother)는 울프가 여성에게 보이는 남성들의 태도가 가정 내에서와 사회적 맥락에서 확연히 달라진다는 점을 지적하기 위해 사용한 용어이다. 울프는 자신의 글에서, 편지나 문학 속에서 나타나는 서로를 존중하고, 애정을 표하며, 공동의 목적을 위해 협력하는 남매 관계가 사회의 공적 관계로 전환될 때, 여성은 소유권에서 배제되고 가정 내에 머물러야 하는 존재로 전락한다고 지적한다.

등장한다. 이 폭력적인 존재는 또한 놀라울 만큼 쉽게 조종당하는 인물이기도 하다. 왜냐하면 그가 지키고자 하는 바로 그 경계는 추상적이고, '의견'이라고 표지된 '타자'와의 대립 외에는 아무런 내용도 없기 때문이다. 그들은 자신들을 주저하게 만드는 어떤 것에 대해서도 '알고 싶어 하지 않는' 사람들로, 언제나 조종당하기 쉽다.

과학자들은 공통의 '가치'로서 객관성을 지닌다고 말한다. 이는 어쩌면 실제로 물리학, 사회학, 심리학, 역사학과 같은 다양한 실천을 하나로 묶을 수 있는 유일한 주장일지도 모른다. 그런데도 이러한 서로 다른 실천을 통합하려는 모든 인식론적 시도가 아무런 연관도 없는 진부한 결론에 도달했다는 점은 주목할 만하다. 사실, 나는 이들을 함께 묶을 유일한 방식은 바로 의견을 비합리적이고 주관적이며 변덕스럽고 환상과 겉모습에 사로잡힌 것으로 정의하는 것뿐이라고 감히 주장하고 싶다. 그런데 이러한 견해는 가스통 바슐라르(Gaston Bachelard)[28]가 과학적

---

28   [옮긴이주] 가스통 바슐라르(1884~1962)는 프랑스의 과학철학자로, 과학 발전의 불연속성을 강조하며 새로운 과학 지식은 기존의 것과 근본적으로 다른 사고 방식을 요구한다고 주장했다. 저자는 바슐라르가 과학의 정신을 일반 대중의 상식과 대립하는 방식으로 정의하며 사회와 단절된 빠른 과학으로의 이행을 촉구한다고 비판한다. Stengers, I.; Higgins, M.; Wallace, M. (2024) "In Conversation with Isabelle Stengers: Ontological Politics in Catastrophic Times," in Sara Tolbert, Maria F.G. Wallace,

합리성에 부여한 내용, 즉 끔찍한 의견들로 가득 찬 전시장에 맞서는 금욕적인 '거부(no)'와 맞닿아 있다. 바슐라르는 이렇게 말한다. "원칙적으로, 의견은 항상 틀렸다. 심지어 사실상 맞을 때조차도." 이것이야말로 '그런 건 알고 싶지 않다'고 외치는 '진정한 연구자'의 심장 깊은 곳에서 우러나는 절규다. 시험 조종사는 자신이 시험해야 할 비행기가 하늘을 나는 관과 구별될 수 있는 기준에 대해서 '아무것도 알고 싶어하지 않는다'. 마찬가지로 진정한 연구자 역시 '의견이 옳을 수도 있는' 세계에 대해 아무것도 알고 싶어 하지 않는다.

사실을 직시하자면, 오늘날 대다수의 과학적 전문성은 의견이 야기하는 불안을 통제하는 임무를 맡고 있다. 다시 말해 그들은 의견은 잘못된 것이며 객관적 판단을 할 능력이 없기 때문에 그 판단은 여전히 과학자들의 특권으로 남겨진다는 점을 알려준다. 또한 이것이 공공의 이익이라는 이름으로 합의된 진정한 의무이기 때문에 그러한 전문성이 타당한지에 대해서는 학계 중심부에서 거의 논의되지 않는다. 전문가가 지닌 객관적 관점은 '의견'이 중요하다 여기는 질문의 주관성과는 극명하게 대조를 이루어야 하며, 종종 그것만으로도 충분하다.

— Marc Higgins, Jesse Bazzul, eds. *Reimagining Science Education in the Anthropocene*, Volume 2. Palgrave를 참조.

그럼에도 불구하고 결정을 내리는 사람들은 과학적 전문성이 자신들의 취향에 비해 지나치게 망설인다고 불평한다. '과학의 이름으로' 확실한 답이 요구될 때에도 전문가들은 찬성과 반대의 문제를 저울질하며 물을 흐린다고 비난한다. 표지되지 않은 또 다른 유형인 의사결정권자의 '가치'는 선이 반드시 그어져야 함을 안다는 데에 있다. 그리고 그는 전문가들이 그 선을 어디에 그어야 하는지 알려주기를 바란다. '까다롭고 수다스러운 계집애처럼 굴지 말고, 진짜 사내처럼 굴어라. 맞다고 생각하면 맞다고 말해라! 의혹이나 불확실성에 빠져 허우적대지 말라!'

우리가 수호해야 할 이 객관성이란 무엇일까? 이 질문에 대한 유일한 일반적인 대답은, 의견을 분열시키는 것은 무엇이든 주관성의 영역으로 전락시킬 수 있는 '사실'을 동원한다. 이 때문에 핵심 문구를 능숙하게 만들어내는 사람들은 쉽게 과학자들을 덫에 빠뜨려 그들이 시키는 대로 행동하게 만든다. '사실'이 가치와 대립하며 어떤 질문이든 '객관적으로 결정하도록' 만들 수 있다면, 이 능력을 우선시하라는 지시에 어떻게 저항할 수 있겠는가? 모호한 문제에 대해 결정을 내릴 준비를 하라는 부름에 과학자들이 '알겠습니다!'라고 답할 때, 이러한 기만은 일반적으로 동료 과학자에게 비난받지 않았다. 의견을 잠재우기 위해, 객관성을 보장하는 '과학적 방법' 같은 하나의 단합된 전선을 형성해야 한다고 결정한 사람들은 객관성과 동의어가 된 특징적인 맹목성을 지닌 새로운 방법으로 무장한 전문가의 확산을 용인해야 했다. '데이터 기반' 혹은 '증거 기반' 과학은 객관적으로 측정 가능한 데이터로 어떤 상황이나 선택을 평가하고 결정하도록 정의하는 과제를 스스로에게 부여했다.

여기서도 우리는 진정한 에토스와 마주한다. 이는 진정한 십자군을 동원하는 사명으로, 그들은 동료들의 망설임과 논쟁을 단순한 의견 표현으로 일축한다. 사실이 판결할 수 있는 질문만이 잘 짜여진 질문이며 이를 모르는 무지한 자들이 의견을 제시한다는 것이다. '탁월성'이라는 새로운 슬로건이 대학뿐만 아니라 연구 그룹과 개별 연구자에게도 적용되며, 그 탁월성이 그러한 데이터의 기준으로 평가될 때 순환의 고리가 완성된다. 그러한 방법들을 구축한 것은 과학자였고, 그들은 심지어 동일한 방법들이 그들에게 불리하게 적용됐을 때에도 이의를 제기하지 못했다. 오늘날 그들은 점점 더 직접적으로 그 결과를 경험하고 있다.

주지하다시피, 그러한 데이터 기반 평가에 있어 각 대학의 특수성을 고려하거나 개별 연구자의 작업을 알아보지 못하는 것은 문제가 되지 않는다. 그것은 판단을 혼란스럽게 하고 망설임으로 되돌아갈 위험을 초래할 것이다. 데이터는 '비표지(unmarked)'되었다는 점에서 객관적이며, 따라서 주저함이나 논의 없이 모든 것을 측정하는 기준으로 이용될 수 있다.

오늘날 우리는 어디에서나 이 '젠더화된 자질'을 마주한다. 이 자질은 논의하고 생각하고 망설이는 사람들이 갖지 못했다고 정의된 가치이다. 이 자질은 그 자체로는 아무것도 말하지 않는다. 단지 울프가 정확히 알아챈 추상적이고 신비로운 이상의 이름으로 수용될 수 있을 뿐이다. 그가 진단했듯이 이러한 이상은 잔혹한 배제와 소란스러운 홍보와 분리될 수 없으며, 언제 어디서나 여성이 스스로에게 계속 물어야 할 질문에 저항하는 어리석은 자부심과도 분리될 수 없다. 그 질문은 바로 이것이다. 우리가 속한 이 문명은 대체 무엇인가?

진정한 연구자의 구성

이러한 방식으로 사고한다는 것은 향수에 저항하는 것을 의미한다. 과거의 상황이 더 나았다는 데에는 의심의 여지가 없지만, 지금 벌어지는 일 또한 충분히 논리적이며 그 논리는 과거에도 이미 작동하고 있었다. 내가 여기서 다루고자 하는 것은 과학 자체의 역사가 아니라, 연구자의 자질이라는 이름으로 추구된 역사, 그리고 오늘날 '사실에 기반한' 탁월성이라는 이름으로 귀결된 그 역사다. 나의 목표는 역사가처럼 행동하는 것이 아니라, 우리가 언제나 이상화할 수 있는 과거라는 이름으로 현재를 비난하며, 그 비난 속에 가려질 위험이 있는 어떤 가능성에 대한 욕구를 날카롭게 되살리는 것이다.

그 시작점은 엘리자베스 포터(Elizabeth Potter)의 작업이다.[28] 이 작업의 중요성은 도나 해러웨이가 자신의 저서 『겸손한 목격자(Modest Witness)』에서 강조한 바 있다.[30] 포터는 로버트 보일(Robert Boyle)[31]이 증진하고자 노력한 실험의 생활 양식에서 젠더가 진정으로 잘 작동했음을 보였다. 더 구체적으로 그는 젠더 문제를 실험 전체의 붕괴를 초래할 수 있는 어려움으로 지적한다.

실제로 어떤 남자가 영웅적으로 자신의 생명을 위험에 빠뜨리지 않는다면, 또한 개인적 영광을 도모하지 않는다면,

---

29 Elizabeth Potter, *Gender and Boyle's Law of Gases*(젠더와 보일의 기체 법칙), Bloomington and Indianapolis: Indiana University Press, 2001. [옮긴이주] 엘리자베스 포터는 과학철학자이자 페미니스트 이론가로, 보일의 공기펌프로 대표되는 실험과학의 정당화가 과학에서 여성을 배제하는 젠더적 질서와 함께 이룩되었음을 보여주었다.

30 Donna Haraway, *Modest_Witness@Second_Millennium. FemaleMan©_Meets OncoMouse: Feminism and Technoscience*, New Yor: Routledge, 1997. 한국어판, 민경숙 옮김, 갈무리, 2007. 해러웨이는 포터의 작업을 출간 전부터 알고 있었다.

31 [옮긴이주] 보일의 법칙으로 잘 알려진 17세기 영국의 자연철학자. 공기펌프를 이용한 실험을 통해 진공의 존재를 주장했다.

혹은 자신의 열정이나 의견에 사로잡히지 않는다면 그는 어떻게 사내다움이라는 속성을 유지할 수 있을까? 사실을 좇고 드러내는 것 외에는 어떤 영광도 추구하지 않는, 즉 겸손한 목격자로서 자신을 드러내는 남성의 사내다움에 대해서 어떻게 말할 수 있을까? 통상적으로 여성 젠더에게 기대되는 겸손과 준비성을 주장한다면 실험하는 삶을 사는 젠틀맨(gentleman)의 명성이 위험에 처하지는 않을까? 화려한 수사로 정복하는 기쁨을 거부하는 그런 순결한 존재는 사내다운 덕목이 부족하다는 이유로 실격당하지는 않을까?

그러나 순결과 겸손은 여성만의 덕목이 아니라, 하느님을 섬기기 위한 올바른 마음가짐을 정의하는 것이기도 하다. 보일이 강조한 것은 육체적인 것이 아니라, 정신적인 차원의 순결과 겸손의 가치로, 이는 수도원의 규율에서 기원한다. 실험자의 길을 따르는 자는 이성으로 훈육된 활동을 통해 하느님을 섬긴다. 이와 같은 이성은 자신의 이익과 편견을 넘어서고, 타락으로 이끌 수 있는 질문의 충동과 유혹에 저항하는 능력을 통해 남성적 영웅주의의 본질을 드러내며, 이것이야말로 진정으로 사내다운 것으로 여겨진다.

나는 이러한 구성의 힘, 즉 규율적 질서가 절대적으로 지배하는 방식을 직접 목격한 적이 있다. 그것은 내가 화학과 학생이던 시절의 일이다. 나는 돌이킬 수 없을 정도로 길을 벗어났다고 생각해서 향후 화학 분야에서 스스로를 배제했다. 시험 조종사의 경우와 마찬가지로, 자질에 대한 판단은 사고가 발생한 후에 이루어지기 때문에 당시에는 내가 연구자의 자질을 지녔는지에 대한 질문은 제기되지 않았다. 내 경우에는, 과학자들이 말하는 '큰 질문(big question)', 소위 비과학적 질문에 관심을 갖게 된 이후에야 판단이 이루어졌다.

그러나 보일이 말한 순결하고 겸손한 연구자와 내가 '과학에 어울리지 않는다'고 결론내리게 된 것 사이에는 차이가 있다. 보일의 연구자는 유혹에 빠졌다 하더라도 회개함으로써 다시 길을 찾을 수 있었지만, 나는 연구자로서의 스스로 박탈한 자격을 돌이킬 수 없는 일로 여겼다. 진정한 연구자를 정의하는 또 다른 종류의 에토스가 바로 여기에서 등장한다. 19세기로 거슬러 올라가면, 이 에토스는 결코 깨워서는 안 되는 몽유병자의 이미지로 표현될 수 있다. 나는 이미 깨어났기 때문에 떠나야 한다는 것을 깨달았을 때조차 여전히 이 이미지에 순응하고 있었다.

몽유병자는 언제나 높은 지붕의 능선을, 현기증이나 두려움, 망설임 없이 오르내리며 걷는다. 그는 균형을 무너뜨릴 수 있는 어떤 질문도 제기하지 않는다. 지식을 받드는 순결은 창의성의 인류학으로 대체되었다. 그 안에서 연구자는 '산도 옮긴다'는 신념을 가져야만 한다. 다시 말해 어떤 장애물도 이해를 추구하는 연구자의 여정을 가로막을 수 없다. 특히 그 장애물이 '진정한 과학'이 개입하기도 전에 '의견이 믿고 있다'는 이유로 이미 기각되었다면 더욱 그렇다. 이러한 신념은 종종 부정적인 방식으로 명확히 드러난다. 즉 이러한 차원의 문제를 진지하게 고려한다면, 과학은 아예 불가능해질 것이다. 이 신념은 주기적으로 '가로등 우화'의 교훈과 연결된다. 지나가던 행인이 한밤중에 가로등 아래에서 절실하게 열쇠를 찾고 있는 이의 곁에 멈춰 서서 묻는다. "여기에서 열쇠를 잃어버린 게 확실합니까?" 그러자 열쇠를 찾는 이가 이렇게 답한다. "전혀요. 하지만 여기가 유일하게 밝은 곳이거든요."

따라서 올바른 자질을 갖췄다는 것은, 어떤 과학적 질문이 중요하지 않다고 여긴다면 그것은 실제로도 중요하지 않다고 믿는 신념, 다시 말해 의심을 배제함으로써 자신을 정의하는 신념을 지닌다는 것을 의미한다. 의심에 빠진 자는 연구가 요구하는 그 신념을 회복하지 못한다. 몽유병자를 깨우면 연구자는 죽는다.

보일의 실험과학자는 순결했고, 신학적이거나 형이상학적인 질문에 집착하지 않았다. 반면 몽유병자 과학자의 에토스는 공포증에 가깝다. 그는 자신이 '비과학적'이라 여기는 어떤 질문도 거부한다. 이는 마치 성직자가 공포증적 여성혐오로 특정 대상을 배척하는 방식과 유사하다. 이는 파멸로 향하는 일방통행으로 그를 이끄는 위험하고 유혹적인 힘이 그 질문들에 부여된다는 것을 의미한다. 게다가 이 위험한 질문들의 범위는 더 넓어졌다. 예를 들어, 사회에서 과학의 역할과 같은 질문을 포함하기 때문이다. 물론 이 질문은 신학적이고 형이상학적인 질문처럼 공식적으로 추방될 수는 없다. 그러나 미묘한 미소, 잘 감추지 못한 경고, 또는 '더 이상 과학을 하지 않는' 아무개들에 대한 비웃음과 가십을 통해 그 질문들은 여전히 반쯤 암묵적으로 묵살되고 있다. 그 과정에서, 과학자에게 스스로 질문하도록 요구하거나 과학이라는 이름으로 옹호되는 것이 무엇인지 명확히 설명하라고 요구하는 이들은 적으로 간주된다. 몽유병자는 자신에게 무엇이 중요하고, 무엇이 부차적이거나 일화적인 것인지 판단하며 구분하는 데에 주저함이 없다. "우리를 완고하고 공격적이도록 내버려 두어라. 정복과 방해물의 용어로 세상을 판독할 수 있게 하라. 그렇지 않으면 어떤 연구자도 남아 있지 않게 될 것이다!" 이것이 바로 과학 훈련에 새로운 접근 방식을 옹호하는 이들이 맞서야 하는 주장이다.

    나는 개인적으로, 적어도 현재와 같은 방식으로 남녀를 불문하고 과학을 공부하는 학생에게 제공되는 과학사나 과학의 사회적 역할에 대한 강의의 미덕을 더 이상 믿지 않는다. ('경성') 과학에 등록한 모든 학생은 이러한 강의가 '과학이 아니며', 시험이 끝나면 그 과목은 실제 중요하지 않다는 것을 너무 잘 알고 있기 때문이다. 이러한 강의와 관련하여 학생 대부분은 로베르트 무질(Robert Musil)의 소설 『특성 없는 남자』에 등장하는 디오티마(Diotima)의 환영회에 초대된 과학자들 같다.[32] 그들은 학식 있는 사람들과 마주칠 때 수염에 가려진 미소를 짓는다. 학생들은 허황된 생각(big idea)이라 여기는 것에도 공손하게 귀기울이지만, '진정한 과학자'라면 그러한 생각에 결코 감염되지 않을 것임을 이미 알고 있다.

공포증에 뿌리를 둔 그 미묘한 미소는 오늘날 젊은이들이 기피하는 그 과학의 본성적 특징이며, 이에 우리 정부는 크게 당혹감을 느끼고 있다. 이 과학이 바로 토머스 쿤(Thomas Kuhn)이 『과학혁명의 구조(The Structure of Scientific Revolutions)』에서 패러다임으로 기능한다고 규명한 과학이다. 그는 학생들이 어떻게 훈련받는지에 대해 묻는 것으로 과학을 특징 지으면서 시작한다. 사회학이나 심리학의 교육은 다양한 경쟁 학파, 여러 방법론에 대한

---

32 Robert Musil, *The Man without Qualities*, London: Picador, 2011[1943], Vol. I, Ch. 72. [옮긴이주] 로베르트 무질(1880~1942)은 오스트리아의 소설가이자 철학자이며, 본문에서 언급된 『특성 없는 남자』의 72장의 제목은 "수염 뒤에 가려진 과학의 은근한 웃음, 또는 악과의 장황한 첫 만남"이다. 이 장은 디오티마의 초대를 받은 남성, 특히 학자들의 미소에 대해 설명한다. 화자는 학자들이 예술가들과 교류하면서 짓는 미소는 상대에 대한 경의와 다른, 과학이 아닌 예술에 대한 무지의 표현이지만, 그들의 무의식 속에는 상대의 의견을 결코 받아들이지 않는 속내를 포함하고 있다는 점을 묘사한다.

강좌, 상이한 정의와 논쟁을 포함한다. 훈련 과정에서 학생들에게 학문 분야에서 기초가 되는 텍스트가 소개되고 이는 그들이 앞으로 몰두하게 될 선택을 제시한다. 이와 대조적으로, 쿤은 패러다임의 강점이 그 비가시성에 있다고 강조한다. 교육을 받는 젊은이들은 질문을 올바르게 하는 방법이 말할 필요도 없이 당연하다고 여기는 몽유병자가 되는 궤도에 완전히 올라 있다. 그 방법은 논란의 여지가 없는 증거와 관련된다. 이러한 교육적 관점에서 볼 때, (경성) 과학의 학생이 교과서 외에 무언가를 읽는다는 것은 시간 낭비일 뿐만 아니라, 그가 올바른 자질을 갖추지 못했음을 암시하는 불안한 신호이자 그의 미래에 대한 불길한 징조가 된다.

보일의 순결한 연구자는 과학적 객관성에 대한 적절한 가치를 충분히 일반적으로 정의하고 있다. 그것은 '언제나 틀린' 의견을 부추기는 '큰 질문'을 거부하라고 요구한다. 그리고 이러한 순결함은 '사실'과 '가치'를 혼동하지 말라는 미명하에 모든 과학이 주장할 수 있는 가치로 여겨진다. 하지만 특히 공포증적 몽유병자는 19세기 이래로 소위 생산력 발전에 결정적인 역할을 한 과학에 속해 있다. 이는 결코 우연이 아니다. 몽유병자와 같은 연구자들은 시간의 낭비가 죄악이라는 정신 수양적 규율을 지니던 수도원과 전혀 다른 실험실에서 태어났다. 실험실은 이제 시간을 절약하고, 경쟁에 앞서며, 속도를 내라는 명령으로 정의된다. 연구자들이 '큰 질문'을 하지 않는 이유는 더 이상 금욕적인 규율 때문이 아니다. 오히려 교육이 그들을 그러한 질문에서 적극적으로 멀어지게 하기 때문이다. 그들을 학문 분과로부터 멀어지게 할 수 있는 모든 것이 시간 낭비, 더 심하게는 의심으로 이어지는 위험한 길로 간주되어 배제되었다. 다시 말해, 의심을 적으로 간주하는 공포증 환자들은 무엇보다 한 발짝 옆으로 물러나는 법을 배운 적 없는 사람이며, 그렇기에 그들은 균형을 잃지 않으면서 속도를 늦추는 방법을 알지 못한다.

하지만 그렇다고 해서 '진짜' 몽유병자적 연구자들이 자신을 둘러싼 세상에 완전히 눈을 감고 있지는 않다. 그들은 세상을 무시하지 않는다. 다만, 그 세상이 그들을 망설이게 만들 힘을 갖도록 허용하지 않을 뿐이다. 그들은 기회의 관점에서 세상을 판독한다. 심지어 어떤 이들은 그들을 경계심 강한 존재로 묘사하기도 한다. 그들은 자신의 결과에 가치를 더해줄 수 있는 이의 관심을 끄는 방식으로, 무엇이 중요한지를 제시할 기회를 끊임없이 엿본다. 그들이 살펴야 할 문제들의 복잡하게 얽힌 다양한 측면을 자신들이 적절하다고 여기는 사내다운 경멸로 무시할수록, 그들은 더욱 혁신적이고 자유롭게 기업가 정신을 발휘할 수 있다.

최근의 놀라운 사례는 분자생물학자들의 주장이다. 이들은 유전자 조작 식물의 균주가 세계 기아 문제를 해결할 수 있다고 주장했다. 기아의 사회경제적 원인이나 확대될 위험에 처한 사회적 불평등, 농업 생산 방식의 붕괴, 실험실에서 생산된 GMO와 수백만 헥타르의 농지에 심긴 GMO 간의 차이를 지적하는 동료들의 의심을 경멸로 일축하는 분자생물학자들의 병적인 공포 속에서, 이 논쟁의 젠더화된 차원이 분명하게 드러났다. 이 사례에서 사회과학자들과 현장 과학자들은 위험과 불확실성만을 말하는 지나치게 예민한 여성으로 치부된다. 만약 과거에 우리가 그들의 말에 귀 기울였다면, 우리는 전기를 위험하다고 생각했을 것이고, 오늘날까지도 우리는 말이나 수레를 타고 다닐 것이다. 진정한 연구자는 위험을 감수하고 진보를 위한 대가를 받아들일 줄 알아야 한다. 하지만 그러한 위험에 노출될 수 있는 사람이 누구인지 묻는다면, 음… 그건 큰 질문이 된다.

지식경제가 초래한 피해를 계기로 병적 공포를 지닌 몽유병자들이 마침내 '눈을 뜰' 것이라고 너무 자신만만하게 기다리지는 말자. '파티는 끝났다'는 말을 연구자들이 다른 방식으로 들어왔다고 말하는 이도 있을 것이다. 오늘날 연구자들은 다른 이들 모두가 따르는 것과 동일한 규칙을 따른다. 그 누구도 모든 곳에 팽배한 유연성과 경쟁에 대한 요구에서 벗어날 수 없다. 이는 곧 경력을 유지하기 위해 필요한 자질이나 능력을 갖추지 못한 개인들을 모든 과학 분야에서 제거한다는 것을 의미한다. 과학자의 직업을 잔인하게 재정의하는 것은 분명 수많은 과학자들의 불만을 낳았지만, 결국 공개적으로 항의하는 경우는 드물었다. 그리고 우스면서도 슬프게도, 그들 중 다수는 과학이 결실을 맺으려면 방해받지 않고 내버려 두어야 한다는 사실을 대중이 이해하지 못한다고 한탄하며, 다시 한번 '의견'을 비난했다. [과학자들이 보기에] 의견에 감염된 정치인들은 '비합리성의 부상'을 승인한 자들이며, 이는 '대중'이 더 이상 과학을 존중하지 않음을 의미한다는 것이다. 그 결과 과학 연구는 젊은 세대의 대규모 이탈을 겪고 있다. 그러나 이러한 대량 이탈이 세상에서 벌어지는 일과 연관될 수 있다는 생각조차 입 밖에 낼 수 없는 상황이다. 지식의 발전은 모든 종류의 적의를 헤쳐 나가며 영웅적으로 버텨내야 할 운명을 스스로에게 부과하고 있다.

우리는 다음 세대의 연구자들이 과학자가 스스로 질문을 던지던, 좋았던 옛 시절을 떠올리며 냉소적인 미소를 지으리라 예측할 수 있다. 그러나 새롭게 젠더화된 구성은 분명 기업가들과 손을 잡은 그들의 용기에 찬사를 보낼 것이며, 더 민감한 사람들은 생태계 파괴와 사회적 불평등의 심화를 비판할 것이다. '진정한 연구자'는 인간의 운명이 끔찍한 희생을 요구하며, 그 무엇도 이를 막아서는 안 된다는 것을 아는 사람으로 정의될 것이다. 그와 동시에 새로운 구성은 발전이라는 이름으로 이미 조장된 증오를 연장하는 데 기여할 뿐이다. 그 증오는 의심, 걱정, 혼란을 퍼뜨리는 '허황된 생각(big idea)'을 지닌 수다쟁이들을 겨냥한다.

지금 벌어지고 있는 일과 연구자들이 보여주는 상대적인 복종과 소극성을 분명하게 감지하기 시작한 이래로, 나는 버지니아 울프가 이미 지적 매춘으로 진단했던 문제, 즉 임금노동자처럼 강제로 묶여 있지는 않지만 그럼에도 불구하고 시키는 대로 일하고 생각하는 사람들의 유순함을 진지하게 받아들이게 되었다. 하지만 현실에서 과학적 객관성을 정치적 관심사와 끊임없이 대립시켜 온 이들이 과연 어디로 향할 수 있겠는가? 대중이 '자신들의' 과학에 대한 신뢰를 거두거나 무관한 일에 간섭하길 바라지 않는 과학자들이 어떻게 재난 문제를 공적으로 논할 수 있겠는가? 연구자들의 '올바른 자질'과 신비로운 경계에 대한 그의 의존성은 우리가 속한 이 문명에 대해 울프가 제기한 질문을 다른 이들과 함께 탐구하는 것을 스스로 금지하게 만든다. 연구자는 단지 신음하며 각자도생의 방식으로 '과학을 발전'시키는 '좋은 연구'를 추구할 방법과 수단을 찾으려 노력할 수밖에 없다.

동원 해제?

버지니아 울프와 함께 사고할 때, 쉬운 희망은 불가능하다. '진정한 연구자'와 같은 젠더화된 구성을 진지하게 받아들인다면, 그가 『3 기니』 내내 묘사한 폭력이 한층 명확해진다. 그것은 사이렌의 유혹에도 불구하고 자신의 길을 고수하기 위해 이를 악물고 버티는 법을 배운 사람들이 만들어내는 폭력이다. 표지되지 않은 젠더 역시 불안으로 정의된다. 그것은 올바른 자질을 지니지 못했음이 드러날지도 모른다는 불안이다.

반대로, 애초에 경력에 대한 희망이 없었기 때문에 이러한 걱정에서 자유로웠던 최초의 여성 영장류학자들은, 과학자라면 관심을 가져야 할 문제와 의견이라는 유혹 사이의 차이를 발전시키는 방식으로 '느린 영장류학'을 발명하지는 않은 것으로 보인다. 그들은 자신이 상대하는 존재로부터 영향을 받으며, 그들과 적절한 관계를 모색하고, 판단의 권위보다 공유된 연관성을 찾아가는 모험을 우선시했다. 그들의 연구는 지금껏 묘사되어 온 방식만으로는 우리가 그 모든 어려움에도 불구하고 기꺼이 대학을 옹호하게 만드는 그러한 연구 실천을 정의하기에 충분하지 않다는 점을 일깨워준다. 시험 조종사의 자질이 그를 좋은 조종사로 만들어주지 않는 것처럼, 연구자의 자질 또한 누군가를 연구자로 만드는 충분조건이 아니다. 이들 여성 영장류학자들은 초기의 차이가 그들이 동원되지 않았다는 사실과 연결된 연구 실천의 사례를 제공한다. 그들은 '진정한 연구자'의 자질이 있음을 증명하라고 동원되지 않았다

동원은 전쟁에서 남성이 주도하는 일이라는 점을

기억하는 것은 유용하다. 동원된 군대는 어떤 이유로도 속도를 늦추지 않는다. 유일하게 중요한 질문은 '우리가 나아갈 수 있는가?'이며, 황폐화된 들판이나 폐허가 된 마을과 같이 그들이 지나가기 위해 다른 이들이 치러야 할 대가는 결코 그들을 지체시키지 않을 것이다. 주저함과 망설임은 반역과 동의어가 된다. 물론 망설이는 과학자가 처형되는 일은 없지만, 아마도 진정한 연구자를 정의하는 주문(mantra)에 다수가 굴복하는 현실은 학문 분과적인 동원을 수립하기에 충분하다. 부적격한 '비과학적' 질문을 던지는 이들은 항상 소수에 속할 것이며, 의심의 눈초리를 받을 것이기 때문이다. 사람들은 진정한 과학자가 마땅히 견제해야 할 유혹을 뿌리치지 않는다면 그가 여전히 진정한 과학자가 될 수 있을지 의문을 제기한다. 대조적으로, 동원된 연구자들은 '연구를 구하라'와 같은 구호에 대해 '무엇으로부터 구하는가?'라는 질문은 하지 않은 채로 반자동적으로 동의할 것이다.

그렇기에 희망은 쉽게 오지 않는다. 하지만 나는 이 상황에 미지의 요소를 도입하고, **동원 해제가 가능하다**는 생각을 울려 퍼지게 하고 싶다. 이 미지의 요소는 젠더화된 것으로, 이번에는 분명하게 표지된 젠더이다. 왜냐하면 여성은 성실하고 용감한 남성들을 반역이나 탈영으로 선동하는, 매혹적이거나 타락한 존재로 줄곧 의심받아 왔기 때문이다.[33] 이러한 미지의 요소는 오늘날 구체적인 의미, 즉 정치적인 의미를 지닌다. 나는 '연구를 구할' 수 있는 유일한 가능성이 몽유병자들을 깨우는 데 있으며, 그들은 그럴 수밖에 없도록 강제될 때에만 깨어날 것이라고 확신한다. 그리고 그들은 다음과 같은 요구에 의해서만 강제될 것이다. 그 요구는 연구자에게 무엇을 기대할 수 있으며 무엇을 기대해야 하는지를 다시 묻는 것이다. 다시 말해, '진정한' 연구자들이 스스로에게 묻지 않으리라 여겨졌던 질문들을 마주했을 때 그 질문을 거부하는 태도를 취하지 못하도록 강제하는 새로운 요구 사항에 의해서만 깨어날 것이다.

오늘날 이러한 요구 사항은 프랑스의 **시민과학**(Sciences Citoyennes) 협회가 선호하는 용어인 '시민 배심원단' 혹은 '시민 자문단' '시민 협의체'라는 이름으로 예고되어 있다.[34] 이러한 패널은, **효과적으로 작동한다면**, 서로 다른 관점을 위계화하는 일련의 표어와 판단에 저항하려는 것이다. 그들은 '무언가를 논하려면 우선 그에 대해 무지하지

---

33 『소란 피우는 여자들: 버지니아 울프의 신뢰할 수 없는 딸들 (*Women Who Make a Fuss: The Unfaithful Daughters of Virginia Woolf*)』(Minnesota: Univocal, 2014[2011])에서 뱅시안 데프레 (Vinciane Despret)와 나는 울프의 경고에도 불구하고 대학에 자리를 잡고 경력을 쌓고 있는, 그의 신뢰할 수 없는 딸로서 작은 반역적 문채(文彩)를 제안했다. 이길 희망이 전혀 없거나 혹은 거의 없을 때에도 소란 피우는 법을 배우고, 소란 피우는 다른 이들과 관계 맺자는 것이다. 용기와 존엄을 지니고 불가피한 일을 받아들이기를 거부하라.

34 http://sciencecitoyennes.org를 보라.

않아야 한다'는 시나리오에 저항하며 공평한 논의의 장을 조성하는 진정한 도구[dispositifs]를 제공한다. 질문을 던지고, 설명을 요구하며, 해당 문제에 주어진 답변의 적절성을 평가하는 것은 바로 배심원의 역할이다. 반대편 전문가를 소환하고, 반대 의견을 듣고, 대질을 조직하는 것도 배심원의 몫이다. 요컨대, 배심원단은 혁신에 대한 신뢰할 수 있는 평가에 필수적인 시험장을 만든다. 왜냐하면 신뢰성에 대한 관심은 중요한 것과 간과될 수 있는 것, 객관적 혹은 과학적인 관점에 부합하는 것과 단순한 의견이나 확신의 문제로 치부될 수 있는 것 사이의 어떤 선험적인 위계질서도 배제하기 때문이다.

이러한 시험장의 역할에 대한 질문은 정치적 문제이며, 이는 곧 연구자를 어떻게 만들어내는가라는 질문이 정치적 사안임을 의미한다. 이 시험장의 (매우 가설적인) 확장과 일반화는 몽유병자와 같은 과학자에게 전형적인 이중적 게임을 진지하게 시험할 것이다. '큰 질문'에 대해서는 그들의 과학이 관심을 갖지 않는 문제라며 겸손하게 무지한 척하면서, 자신들의 흥미를 끌지 않는 것은 무엇이든 부차적으로 보이게 만든다. 동시에 문제적인 상황을 그러한 방식으로 제시하여, 과학적 관점을 문제에 접근하는 객관적이고 이성적인 첫 단계로 보이도록 하는 이중적 게임을 펼치는 것이다.

이 시험은 몽유병자의 자격을 박탈하겠지만,

과학자들에게 그들이 전혀 알지 못하는 질문을 떠맡으라고 요구하지는 않는다. 다만 그들이 아는 것을 적극적으로 위치시킬 것을 요구한다. 다시 말해 문제 제시 방식을 제약할 수 있는 '과학적'이거나 '합리적' 관점으로 문제를 식별하지 않으면서, 자신들의 지식이 문제 해결에 어떻게 기여할 수 있는지를 설명하라고 요구한다. 이는 꽤 합리적인 시험처럼 보이지만, 적어도 오늘날 훈련받은 연구자들은 이 시험을 번번이 감당해내지 못한다. 왜냐하면 그들이 경멸하라고 혹은 적어도 거리를 두라고 배워 온 것과 관련하여 스스로를 위치시키기는 어렵기 때문이다.

    이는 과학에 양심을 찾으라거나 연구자들에게 그들의 연구가 기여한 혁신의 결과에 대해 책임을 지라고 호소하는 문제가 아니다. 또한 사적 이익에 편향된 과학에 대항해 진정한 집단적 이익에 봉사하는 '좋은 과학'을 맞세우자는 문제도 아니다. 두 경우 모두 과학 지식은 여전히 특정한 열정을 초월하는 이익에 봉사한다는 결정적인 위치를 차지하고 있다. 내가 관심을 갖는 그 시험은 해러웨이가 1988년에 '위치지어진 지식'이라 불렀던 개념에 상응하는 것으로, 과학이 집단적 이익과 맺는 특권적 관계에 대해 구체적이고 명확하게 의문을 제기하는 임무를 지닌다.[35]

---

35 Donna Haraway, 'Situate Knowledges: The Science Question in Feminism and the Privilege of Partial

자신을 위치시킨다는 것은 구글 어스처럼 지구 전체를 볼 수 있는 곳에서 당신이 위치한 국가, 도시, 거리, 집을 찾아내는 관점과는 전혀 관계가 없다. 자신을 위치시킬 수 있다는 것은 자신이 아는 것을 위치시키고, 그것을 자신이 제기한 질문과 그에 응답하는 작업 방식에 적극적으로 연결시키는 것을 의미한다. 이는 다른 질문을 제기하는 타인의 존재에 빚을 지고 있음을 인정하며, 그 상황에 그들을 다른 방식으로 들여오는 것을 포함한다. 어떤 종류이든 형이상학적 이상이라는 이름으로 상황을 전유하려는 시도에 저항하는 방식으로 상황과 관계를 맺는 것을 의미한다.

물론 시민 배심원단은 드물고 불안정하며, 무엇보다도 쉽게 그 의미가 퇴색될 수 있다. 그들이 혁신에 대한 다중적이고 다양한 관계 속에서 과학에 대해 진정으로 정치적인 질문을 전제하고 있기 때문에, 오늘날 정치를 (좋은) 협치로 환원시키는 **현실정치**(Realpolitik)[36]의 관점에서

Perspective(위치지어진 지식: 페미니즘에서 과학 문제와 부분적 관점의 특권)', *Feminist Studies*, 14:3 (Autumn, 1988), pp. 575~99.

36 [옮긴이주] 도덕이나 이상보다 현실적 이해관계를 우선하는 정치적 접근 방식으로, 저자는 이 접근법에 비판적인 시선을 보내고 있다. 참고로 과학기술학에서는 인간 중심의 현실정치도 실재를 반영하지 못한다고 비판하며 사물을 포함하는 접근이 필요하다고 강조한다. 이에 대해서는 브뤼노 라투르의 글 "현실정치에서 물정치로("From Realpolitik to Dingpolitik: An Introduction to Making Things Public", *Making things public: Atmospheres of democracy* (eds. Bruno Latour & Peter Weibel, MIT Press (2005), 14~44. 한국어

생각하는 사람들을 즐겁게 할 뿐이다. 그들의 관심사(내가 이들에게 연관시키는 미지의 요소)는 과학적 실천과 연구자의 자질을 조직하는 젠더화된 구성 사이의 구별을 제안하는 것이다. 시민 배심원단은 과학의 역할과 관련하여 우리를 짓누르는 치명적 숙명감을 깨뜨리는 데 기여할 수 있는 관점을 제공한다. 미지의 요소를 도입한다는 것은 이미 마련된 해답을 제공하는 것이 아니라, 그 해답을 상상할 수 있는 방식으로 문제를 주조하는 것을 수반한다. 해법은 존재하지만, 그것은 연구자들을 존중하는 사회를 통해 도달되는 것이 아니다. 대신 연구자들이 그것을 경멸하지 않도록 강제하는 사회를 통해 이루어진다.

『젠더와 보일의 기체 법칙』에서 엘리자베스 포터는 공기펌프 실험에 참관한 상류층 여성들이, 단지 공기펌프가 추출한 공기가 생명에 필수적임을 증명하기 위해 질식하며 고통받는 새들을 보고 얼마나 불쾌해했는지에 대해 설명한다. 그런 내러티브는 여성들이 오랫동안 실험실에서 환영받지 못하고 배제되었던 역사를 떠올리게 할 수 있다. 그러나 동시에 이는 과학자들이 여성적 감수성의 표출에 대해 듣고 수염 아래 미소가 번지지 않을 미래의 가능성을 상징하기도 한다. 이런 미래에서 새들이 더 이상 희생되지

판, 홍성욱 엮음, 『인간·사물·동맹: 행위자네트워크 이론과 테크노사이언스』, 이음, 2010, 259~304쪽)"를 참조하라.

않을 것이라는 보장은 없다. 그러나 과학자가 미소 짓지 않을 가능성이 있다는 것은 타자들의 질문과 관심으로 그들이 동원 해제되거나 소중한 시간을 낭비할 수 있다는 공포증을 더 이상 키우지 않을 것을 의미한다. 그들은 인류의 생각하는 두뇌 역할인 척하는 것을 멈출 것이고, 타자들을 통해 그리고 타자들 덕분에 자신들에게 중요한 질문들의 특수성을 인정하는 법을 배우게 될 것이다. 그렇게 되면, 이러한 질문들은 타자들에게 중요한 문제들을 재정의하거나 판단할 힘을 잃게 될 것이다.

여기서 중요한 것은 바로 이 '타자들 덕분에'라는 점이다. 그 질문에 내포된 젠더화된 미지의 요소는 투쟁의 관점을 벗어나서는 의미가 없다. 그러나 여기서 다루고 있는 투쟁은, 여성이 지금까지 지키기 위해 싸워 왔고, 여전히 싸우고 있는 것과 깊은 유사성을 지닌다. 그것은 중요하지 않다고 여겨져 온 타자들의 침묵을 정당화할 수 있는 어떤 단일한 입장도 없는 사회를 위한 투쟁이다. 그러나 그것은 형이상학적 이상의 힘에 맞서 유머와 웃음, 조롱이 핵심적인 역할을 하는 투쟁이기도 하다. 쓸데없는 질문을 회피하며 과학의 발전을 위해 모든 것을 바치지 않을 용기를 낸다면, 일부 연구자들은 그들을 반역자라고 비난하는 이들을 향해 웃는 법을 배울 수도 있다. 동원이 해제된 상태에서, 그들은 더 이상 전속력으로 풍경을 통과하지 않고, 대신 자신이 위치한 곳의 풍경을 감상하는 법을 배우게 될 것이다.

3장

과학과 가치 :
어떻게 하면 속도를 늦출 수 있을까?

평가의 지배 속에서

오늘날 공공 자금이 지원된 연구는 자율성을 점차 잃어 가고 있다. 연구자들은 정치 당국에게 '배신당했다'고 느끼는데, 정치 당국이 [연구의 자율성이] 합의된 권리로 인정되어 온 것을 존중하기는커녕 경제적 경쟁이 벌어지는 모든 분야에서 누가 공공 지원의 혜택을 받을 것인가를 선택하는 권한을 기업들에게 넘겨 왔기 때문이다. 또한 특허나 파트너십, '스핀오프'를 기대할 수 없는 분야와 같이 경제적 경쟁이 관여하지 않는 경우에도, 시장이 제공할 것이라고들 하는 최적의 방식으로 공적 자금을 사용하겠다는 명목으로 유사-시장법이 도입되었다. 연구자들 자신에게 무엇이 중요한지를 보지 못한다는 이유로 평가 메커니즘이 '객관적'인 것으로 제시된다는 점이 이러한 기획의 핵심적인 부분이다. 시장의 법칙이 우세할 때, 서로 경쟁 관계에 있는 다양한 행위자들은 '신호'에 민감해야 하고 변화하는 '수요'의 정의에 최대한 유연하게 대응해야 한다. 시장을 경제적 거래의 관점에서 정의할 수 없고 수요와 공급의 정의가 다소 허구적인 경우라면, 평가 메커니즘이 이러한 허구를 활성화해야 할 것이다. 즉 '평가받는' 사람들끼리 서로 경쟁하게 해야 하고, 이 과정에서 그들에게 중요한 것, 즉 그들의 활동을 의미 있게 만드는 요소를 '경직성'으로 규정되게 만들어야 한다. 결국 그들이 적응력을 입증하고자 한다면 포기해야만 하는 것으로 정의되는 것이다.

사실 연구 분야에서는, '탁월성'에 대한 인정을 얻기 위한 경쟁이 학문적 생존의 조건이 되었고, 이러한 경쟁은 일류 학술지 게재라는 희귀한 자원을 둘러싸고 이루어진다. 따라서 이러한 출판 조건은 연구자들이 학술지가 규범으로 제시하는 것들, 즉 순응, 기회주의, 유연성 등에 기반하여 연구를 기획하도록 요구한다. 이것이 바로 탁월성의 공식이다.

사람들은 내가 과장하고 있다며 과학자들은 창의성을 잃지 않으면서도 이러한 새로운 제약들에 적응하는 방법을 알고 있다고 말할 것이다. 또한 이러한 제약들이 적어도 게으른 사람들, 혹은 아무도 관심이 없는 분야에서 조용히 버티고 있는 사람들을 걸러낸다는 점에서 분명한 이점을 갖는다고 주장할 것이다. 그러나 '신공공관리(new public management)'[37]라고 불리는 이러한 유형이 장악하는 곳마다

---

37 [옮긴이주] 신자유주의를 바탕에 두고 1980년대 시작된 정부 개혁 기조로, 행정 및 관리 분야에 자유경쟁 시장의 원리를 도입하여 효율성을 높이고자 하는 정책 기조이다.

같은 이야기가 반복된다. 그것은 동의할 만한 제안들로 시작된다. 특히 '투명성'의 증가라는 장점을 부각하며, 이러한 발전은 '시스템을 악용하려는' 자들만 두려워할 것으로 간주된다. 그 외의 사람들은 두려워할 필요가 없으며, 실제로는 평가가 형식적인 성격을 지닌다는 점이 그들을 안심시킬 것이다. 그것이 그들의 연구 내용을 통제하려는 것이 아니기 때문이다. 그러나 뒤이어, 평가를 받는 사람들은 적용된 기준이 형식적이고 내용과 무관하더라도 정작 자신들의 연구가 갖는 의미와는 모순되며 협상의 여지가 없다는 점을 갑자기 깨닫게 된다. 처음에는 그 기준을 피해 가려고 요령을 피우지만, 구속은 점점 강해진다. 결국 그들은 자신들이 근본적으로 변화된 환경에 처해 있음을 깨닫는다. 끊임없는 감시와 압력 속에서 그들은 자신들이 중요하게 여겼던 모든 것들로부터 사실상 단절된 상태가 된다. 그들은 우리가 우울이라고 부르는 슬픔에 빠지거나 상황에 맞는 행동을 해내는 데 최적화된 일종의 기회주의적 냉소주의자가 되어버린다.

전문 학술지의 순위는 연구자들을 굴복시키는 데 핵심적인 역할을 한다. 연구자들은 자신의 연구 유형에 특화된 비주류 학술지에 출판하는 것을 피해야 하고 대신 주류 학술지에 출판'해야만' 한다는 점, 그리고 그 주류 학술지의 기준이 연구의 가치를 결정한다는 점을 깨닫게 된다. 이러한 상황에 대해 논평하기 전에 나는 전문 과학 학술지가 얼마나 폐쇄적인지를 강조하고 싶다. 논문들이 동료들 중에서 선정된 '심사자', 즉 '유능한 동료'에게 제출되고, 그러고 나서는 일반적으로 그러한 동료들에게만 읽힌다는 점에서 그렇다. 이러한 특성은 평가가 공동체 내부에 내재되어 있는 '근대과학'의 작동 방식 자체에서 직접 비롯된 것으로, 그 공동체 안에서 저자들의 글이 다른 저자들에게 읽히고 그 독자들은 읽은 내용에 대해 고려하거나 확장하거나 반박하는 중요한 역할을 수행한다.

이러한 전통적인 평가 방식이 이상화되어서는 안 된다. 이러한 방식은 연구자와 출판물의 수가 폭발적으로 증가하는 것에도('논문을 출판하거나 아니면 도태되거나(publish or perish)'라는 현상은 어제오늘의 일이 아니다), 이러한 평가 방식이 정년 트랙의 채용과 점점 더 철저하게 연계되는 것에도 제대로 대응하지 못했다. 게다가 심사 제도는 한동안 안타까운 상태에 놓여 있었는데, 특권적 책임이었던 것이 급하게 처리해야 하는 부담스러운 일이 되거나, 누군가에게 보복하거나 경력을 쌓거나 평판을 판단하기 위한 기회가 되었다(블라인드 심사가 저자를 '찾을' 수 없음을 의미하지는 않는다). '동료 역량(collegial competence)'은 지나치게 분절화되어 채용 후보나 연구비 수혜자를 제대로 평가하는 것이 어렵게 되었다. 평가는 논문의 인용 횟수로 논문의 '가치'를 측정하는 서지학적 계산의 경로를 따라왔다. 이러한 절차는 '무능한' 평가 위원들이 유용하게 쓸 수 있을 법한, 출판물의 영향력을 측정하는 방식만을 제공한 것이 아니다. 이러한 방식은 동료들의 역량, 즉 자신의 분야에서 기여의 중요성을 판단하는 방법을 알고 있는 동료의 능력으로부터 평가를 분리시킴으로써, 이제 클릭 수 계산이나 체계적 상호 인용과 같은 전략들이 등장하게 되었다. 이에 대한 방어 전략이 개발되어야 했으며, 이는 실로 다윈의 진화론을 연상시키는 일종의 군비 경쟁을 방불케 한다.

달리 말해서, 현재 시행되는 평가 방법은 이전에 만족스럽게 작동하던 체계를 공격하는 것이 아니다. 오히려 그것은 출판에 대한 압력을 엄격한 의무로 변화시키는 것과 더욱 관련이 있다. 예전에는 그러한 압력은 부작용을 가져오는 불행한 경향이라고 개탄되었으나, 이제 그 부작용들은 폭발적으로 증가하고 있다. 사기나 부정행위까지 언급하지 않더라도, 출판 후 '철회'되는(즉 '심사위원들이 절대 통과시키지 않았어야 하는') 논문의 수가 급격히 증가하고 있다. 이러한 현상은 상위 학술지까지 포함하여 일어나며 심지어 상위 학술지에서 더 많이 일어나고 있다!

따라서 여전히 연구의 질에 무게를 두는 사람들에게는, 학술지 순위 체계에 이의를 제기하는 것과는 별개로, 가장 먼저 할 수 있는 대응 방식은 바로 논문 출판의 횟수를 줄이고, 심사위원들이 논증이 잘 구성되었는지 아니면 본질적인 관심 없이 약간의 점수를 얻기 위해 서둘러 발표된 부분적인 결과에 불과한지를 시간을 들여 판단하도록 요구하는 것이라는 점을 쉽게 이해할 수 있다. 그러나 나는 여기서 한발 더 나아가고 싶다. 동료평가 체계가 잘 작동한다고 해도, 즉 좋은 논문이 숙성될 시간이 주어지고 심사위원들이 세심하고 유능하다고 해도, 이러한 평가의 모델 아래서는 '과학을 수행하는' 서로 다른 방식의 다양한 과학들이 평등하지 않으며, 평등했던 적도 결코 없었고 앞으로도 결코 평등하지 않을 것이다.

내가 여기서 보여주려는 것은 이러한 모델이 '빠른' 과학을 위해 고안되었다는 것이다. 이러한 과학에서는 유능한 동료들에게만 전달되는 지식의 누적적 생산과 '통속화된(vulgarised)' 형태의 지식이 엄격히 구분된다. 이와 함께, 나는 과학의 속도를 늦출 것을 호소하고 싶다. 이는 정직하고 훌륭한 연구자들이 동료들에게 공정하게 인정받던 다소 이상화된 과거로 돌아가자는 것이 아니다. 오히려 이는 과학의 다원성을 적극적으로 고려하는 것이어야 하며, 서로 다른 유형의 연구에 적합한 평가 및 가치화의 방식에 대한 다원적이고 협상적이고 실용적인(즉 그 효과에 따라 평가되는) 정의에 대한 논의가 함께 이뤄져야 한다.

동료는 누구인가?

'동료(peers)', 또는 유능한 동료와 속도는 동전의 양면이다. 둘 다 매우 특별한 유형의 성공, 즉 실험과학에 적합한 성공을 가능하게 하는 요소들의 변형이다. 그렇다고 해서 성공적인 실험이 반드시 빠른 과학 모델(유능한 동료들만이 평가할 수 있거나 평가해야 한다는 모델)과 연관되어야 함을 의미하지는 않는다. 다만 이 모델이 의미를 갖는 것은 실험과학과의 관계 속에서이다.

이러한 성공을 매우 구체적인 조건에 근거하여 묘사하기 위해 (추상화(abstraction)라는 '방법'의 보편성과는 대조적으로) 나는 이식(transplantation)이라는 용어를 사용하여 이야기하고 싶다.[38] 연구 대상은 한 환경에서 추출되어 보통은 실험실이라는 또 다른 환경으로 이식될 수 있어야 한다. 이러한 조건에서만 '실험적 성공'이 이루어질 수 있는데, 왜냐하면 제기된 질문은 실험실에서만 소위 '객관적' 해답을 얻을 수 있고, 그 해답은 '유능한 동료들'이 읽도록 출판되기 때문이다. 여기서 유능한 동료들은 그러한

---

38 나는 카트린 솔드주(Katrin Sohldju)의 작업('Interessierte Milieus oder die experimentelle Konstruktion "überlebender" Organe', in Karin Harrasser et al., eds., *Ambiente. Das Leben und seine Räume*, Vienna: Turia, 2010, pp. 51~64)을 토대로 브뤼셀자유대학교에서 열린 '구성주의 연구그룹'의 토론에서 영감을 얻었다.

해답을 어떻게 평가해야 할지를 알고 있는데, 논문의 저자들과 동일한 환경(그들의 노하우와 기구들)을 공유할 뿐만 아니라 무엇이 '객관적 해답'으로 간주될 수 있는지를 판단하는 데 있어서 동일한 기준을 공유하기 때문이다. 다시 말해, 잘 결정된 해석을 정당화할 수 있다고 여겨지는 '사실'에 대한 동일한 정의를 공유하기 때문이다. 그러므로 평가는 '빠르게' 진행되는데, 이는 적은 양의 작업이나 노력을 요구한다는 의미에서가 아니라, 어떠한 이의 제기도 원칙이나 학설에 대한 타협으로 이어지지는 않는다는 점에서 그러하다. 왜냐하면 그러한 평가는 관련된 '전문가' 모두의 관심사를 확인하는 과정이자, 그만큼 성공의 영역을 확장시키는 것이기 때문이다. '그 사실들'은 타당한가? 그 사실들은 저자에게 그의 결론을 내릴 수 있는 권한을 부여하는가?

이것이 브뤼노 라투르가 강조한 것처럼 연구자가 그의 실험실에서 결코 혼자가 아닌 이유이다. 이의를 제기할 것이라고 예상할 수 있고 또 그렇게 예상되어야 하는 사람들 전부가 사실상 그곳에 존재한다. 반면에, 이식이 배제하는 모든 질문은 부재한다. 이것이 바로 다른 질문들이 길러지는 환경에 속한 독자층에게 이야기하는 것이 문제를 일으키는 이유이며, 이는 종종 포획(capture)이라는 방식으로 전개된다.

포획은 포획당하는 이들이 자신의 조건을 설정하는

능력에 따라 매우 다양한 방식으로 일어날 수 있다. 한쪽 극단에는 과도한 장비를 갖춘 실험실에서 일하는 연구자들이 법무팀, 마케팅팀 등과 함께 일하는 산업계가 있다. 산업계의 관심을 포획하려는 계획은 과학적 제안을 중대하게 변형시키며, 대부분 상업적 기밀로 보호되는 회색 문헌을 대량으로 생성한다. 다른 극단에는 '일반 대중'이 있다. 이들에게는 선의의 과학자들(자신의 귀중한 시간을 이러한 자선 활동에 바치고 있는)이 '과학'이 이제는 대중의 관심사나 오래전부터 인류가 품어 온 질문들에까지 답할 수 있게 되었다고 설명하려 든다. 이 두 가지 유형의 변형에는 공통점이 거의 없지만, 한 가지 예외적인 공통점은 연구자들을 결속시키는 요소, 즉 연구자들에게 중요하며 새로운 명제에 고유한 가치를 부여하는 '그렇다면…' '그러므로 …해야 한다' '만약 …라면'[39]과 같은 일련의 흐름을 유지하지 못한다는 점이다. 산업계는 '새로운' 것을 '혁신적인' 것으로 둔갑시킬 것이고, 일반 대중은 인류 전체에 영향을 미치는 돌파구에 대해 듣게 될 것이다('우리는 믿었지만, 이제 우리는 안다').

이 대강의 그림은 다소 과장되었고 너무 관대하다.

---

39 [옮긴이주] 저자는 이러한 어구들로 과학자들이 새로운 과학적 주장이나 명제를 접했을 때 자연스럽게 따라나오는 논리적, 비판적 사고의 흐름을 보여주고 있다.

그것이 관대한 이유는, 지식경제('약속의 투기적 경제(the speculative economy of promises)'라고 이름 붙이는 것이 더 나을 것 같지만)로 말미암아 여러 구분들이 모호해지기 때문이다. 예를 들어, 생명공학에서 나오는 환상적인 약속들에 직면하면, 해적들은 피터 팬과 길 잃은 아이들을 쫓고 아이들은 인디언에게 쫓기며 다시 이들은 야생 동물에게 쫓기고 야생 동물들이 다시 길 잃은 아이들에게 쫓기는 네버랜드를 때때로 떠올리게 된다. 누가 누구를 믿고, 누가 누구를 따르며, 누가 누구의 꿈에 포획되었는가? 결국 이는 더는 중요하지 않은데, 펠릭스 가타리(Pierre-Félix Guattari)의 의미에서 기계는 이제 투기(speculation)와 생산(production)을 일치시키기 때문이다.[40] 그것은 기능한다. 거품이 생겨나고 터지면서, 점점 더 많은 자본과 연구자와 꿈을 흡수한다. 그리고 이 그림이 과장인 이유는, '실험실을 떠나는 것'에 대해서도 실험실 내부에서 일어나는 것과 동일한 수준에서 면밀하게 검토해야 한다고 생각하는 연구자-저자-비평가들이 존재하기 때문이다. 다만 이들은 소수일 뿐만 아니라 동료들로부터 의심의 눈초리를 받고 있기도 하다. 지식의

---

40 [옮긴이주] 가타리의 기계(machine) 개념은 다양한 이질적인 요소들이 접속하면서 새로운 가능성을 출현시키는 역동적 장치를 의미한다. 기계가 의미와 효과를 만들어내는 생성 장치라고 본다면, 미래에 대한 가상이 현재의 생산을 조직한다는 점에서 투기와 생산이 일치된다.

순수한 '진보'라는 유일하게 중요한 것에 대한 그들의 충성심이 의심받고 있는 것이다. 게다가 어떤 면에서 이러한 의심은 정당한 측면이 있다. 왜냐하면 이러한 의심을 받는 이들의 사례는, 과학자 공동체에 속함으로써 '위치를 부여받는 것(being situated)'과 적극적으로 '스스로를 위치짓는 것(situating oneself)', 즉 포획을 추구하지 않는 타자들과의 관계를 형성하는 것이 서로 모순되지 않음을 보여주기 때문이다.

이제 과학이 아닌 지식이 생산되는 반대편 극단, 즉 철학에 대해 잠시 생각해보기 위해, 빠른 과학의 모델이 발명된 실험과학을 벗어나보자. 그리고 잘 알려진 철학자 질 들뢰즈(Gilles Deleuze)의 경우를 살펴보자. 그는 어떻게 평가받을까? 상위 철학 학술지(일반적으로 분석철학 성향의)에서 그의 인용 횟수는 미약할 것이다. 그의 생산성에 대해 말하자면, 그는 많은 논문을 발표하지 않았고 발표한 논문의 대부분은 인정되지 않는 학술지에 실렸기 때문에 하찮게 평가될 것이다. 그의 저서 역시 인정되지 않을 텐데, '진짜 연구자'는 심사위원이 정한 범위 내에서 동료들을 위해 출판하기 때문에 그의 저서는 '평가 바깥에' 있다. 따라서 '동료들에 의한' 빠른 평가는 들뢰즈의 방식으로 철학을 하는 것을 비난한다. 반면에, 서로의 주장에 대해 논의하고 비판하고 복잡하게 만들고 완성하고 수정하면서 풍부한 상호 참조를 통해서 (오직) 동료들을 위해 출판하는 철학자들도 있다. 우리는 철학이 요구하는 인정과 평가의 방식들을 중재하려 해서는 안 될 것이다. 들뢰즈 자신에게는 '빠른 철학자들'의 학문적 번영은 철학의 훼손과 거의 동일하기 때문이다.

그러나 여기서 문제는 '과학'을 철학과 대립시키는 것이 아니다. 오히려 이 문제는 모든 학문 분과에 걸쳐 있다. 모든 분과가 공식적으로는 동일한 이상적 모델, 즉 지식의 집단적 진보에 대한 구성원의 기여도를 평가할 수 있는 '유능한 동료'에 의한 판단이라는 모델에 종속되어 있더라도 그렇다. 이 문제를 명확히 하기 위해 우리는 이 영역을 정의할 수 있는 하나의 특징을 선택해야 한다. 여기서 나는 과학을 어떤 집단적 작업이 지니는 특수성에 따라 정의하고자 한다. 여기서 개별적 명제의 가치는 그것이 집단적 역동에 '기여'하는가에 달려 있다. 이는 기여가 유능한 동료들을 실질적으로 연결시키는 방식에 주목하여, 그 기여란 무엇인지 묻기 위한 것이다.

신경과학과 같은 특정 분야는 빠른 속도로 특징지어진다. 도처에서 '입증해주는 사실들'을 통해 '성공적인' 실험실 작업의 모든 징후를 보여주는 출판물들이 빠르게 쌓여 간다. 이러한 '보여주기' 중 일부는 언론에서 '우리는 믿었지만, 이제 우리는 안다'는 식으로 상당한 반향을 일으키기도 한다. 그러나 이런 분야들에서는, 특정한 저자의 주장이 의존하고 있는 기존 연구들에 대한 인용을 통해서 '유능한 동료들'을 연결해주는 일종의 역동이 훨씬 덜 흔해 보인다. 이 역동은 결론의 타당함이 인정될 때 새로운 질문이 가능해지는 누적적 역동을 의미한다. 상당수의 신경과학적 입증은 비록 미디어에는 매력적이더라도, 실무에 있는 동료들에게는 아무런 쓸모가 없는 종류의 '사실'들을 축적하는 데에만 기여할 뿐이다. 그리고 이러한 경우에는, 유능한 동료들을 서로 연결하는 것은 정교한 기구를 통해 관측된 것에 명확한 의미를 부여하기 위해 '우리 모두가 세워야 하는' 가설들과 관련된 일종의 협정일지도 모른다. '그것 없이는 과학이 불가능해지는' 가설들에 도전하는 것은 금기를 위반하는 것만큼 위험하다. '그것은 건드리지 마, 그런 질문은 하지 마, 그렇지 않으면 우리는 더 이상 과학적일 수 없어!' 그리고 이렇게 된다면 행동심리학 분야에서 일어난 일처럼, 전에는 금기시했던 것이 이제는 '당연히' 고려해야 하는 것이 되었을 때(설령 그것이 새로운 금기를 만들어내는 것을 의미하더라도) '방법론적으로 흠잡을 데 없는' 산더미 같은 논문들이 무의미한 것으로 전락할 수도 있다.

다른 분야들에서는 '유능한 동료'라는 개념이 학문 공동체를 하나로 묶는 데 실패한다. 왜냐하면 그것이 교리상의 분열과 '과학'의 유산을 소유하는 상충하는 방식들, 심지어 무엇을 '기여'로 간주할 것인가에 대한 정의 자체와 충돌하기 때문이다. 이러한 분열은 단순한 분과적 구분이 아니라 각기 다른 학파들 사이의 분열이다. 이 학파들은 종종 창시자의 이름에서 유래한 형용사로 규정되며, 이 형용사는 충성심을 나타내는 동시에 경쟁자들을 제거하지 못했음을 의미한다(뒤르켐, 부르디외, 촘스키 등은 경쟁자 없이 군림하려는 야망을 가졌으며, 뉴턴이나 라부아지에처럼 자신들의 과학을 다음 과학으로 재정립함으로써 창시자의 자리를 찬탈하고자 했다). 이러한 분야에서는 다른 학파에 소속된 동료로부터 평가받는다는 것이나 심지어 인용하는 것 자체가 무의미하며, 각 학파는 사활을 걸고 반드시 최고 수준의 학술지를 '소유'해야만 한다.

이러한 예들은 분명히 극단적인 면이 있지만, 이른바 근대과학의 참신함을 만들어내는 동료 간의 연결이라는 문제를 중심으로 과학들의 차이라는 문제를 조명한다는 점에서 의의가 있다. 그런데 이 질문은 소위 '경성' 과학과 '연성' 과학의 유명한 차이에 의해 흐려진다. 이 차이는 인문주의적 가치를 가져오고, 인간 관계를 객관적 설명이나 정량적 측정으로 환원하는 것을 거부하는 특성을 가져온다. '연성' 과학의 문제는 그것이 수세적 입장에 놓여 있고, 그래서 자신만의 고유한 집단적 역동을 지닌 채 긍정적으로 차별화되는 '과학 하기'의 방식을 창조할 수 없다는 데 있다. 그래서 매번 어떤 야심찬 분과가 전진하며 마침내 진정한 '경성' 과학이 '진정으로 객관적인' 사실의 공격으로 '연성 대화론자'를 물리치리라고 선언할 때마다, 그에 대한 조직적인 반격이 일어나지 않는 것이다. 저항은 너무 자주 일반화되며 원칙에 기반하게 된다. 이렇게 원칙에 호소하는 것으로는 그 정복자가 비가역적인 진보의 대표자로 즉시 수용되는 것을 막지 못할 것이며, 그 정복 과정에서 무기화된 다소 단순한 전제들은 도전받지 않은 채로 남게 된다. '어리석은 질문을 하면 어리석은 답을 얻는다'라는 후렴구가 자주 적절하기는 하지만, 결국 승리하는 것은 '물리학 역시 갈릴레이의 낙하물처럼 단순성에서 시작되었다'는 후렴구이다. 이는 '연성'을 '가치'의 영역으로 강등시키고자 돌격하는 이들이 읊조리는 말이며, 우리 모두가 알다시피 '진정한' 과학은 그러한 가치로부터 자신을 분리시켜야 한다는 것이다.

'과학', 용해되어야 할 결합물

'과학(Science)'의 통일성(unity)에 대항하여 과학의 다원성(plurality)을 확립한다는 것은, 이 통일성을 용해되어야 하는 결합물로 취급하여 각 구성 요소가 그 고유한 특수성을 되찾게 만드는 것을 의미한다.[41]

---
41 [옮긴이주] 이 문장에서 첫 번째 과학은 하나로 통일된 유일한 과학을 의미하는 Science로 표기되었고, 두 번째 과학은 다양한 방

결합물을 용해하는 것은 어떤 판단을 내리려는 것이 아니라 의사-유사성을 제거하려는 것이다. 예를 들어, '사실'의 권위가 성공적인 실험을 가리킨다는 의미일 때, 이는 독성 시험에서 특정한 상품이 대중에게 위험하지 않다는 결론을 내리거나 임상 시험에서 특정한 약물이 의약품의 지위를 인정받아 시장에 출시되고 처방될 수 있다고 결정할 때 작동하는 권위의 유형과는 전혀 다르다. 첫 번째 실험의 경우, 그 성공은 분명히 기대되긴 했지만 보장되지는 않는 하나의 사건이다. 두 번째 경우에서 결론은 이미 그 안에 답의 보장을 내포하는 하나의 규범화된 절차를 따르는 것이다. 여기서 중요한 것은, 그러한 절차를 따라 생산된 사실을 평가하는 것이 아니라, 그러한 사실들이 '실험적 사실들'의 생산과는 매우 다른 유형의 실천과 관련된다는 점을 강조하는 것이다. 비록 절차에 부쳐지는 것이 연구 실험실에서 나온 것이라고 하더라도, 그 절차 자체에 정교한 기구가 필요하더라도, 그 절차가 답해야 하는 질문은 공공의 이익에 관한 것이며 사실이라는 외피를 두른 권위는 공적 결정의 산물이다.

    임상 및 독성 시험은 약물의 치료 효과나 상품의 위험성을 '마침내 과학적으로' 정의하는 방식에 따라 수행되는 것이 아니다. 그러한 시험은 법적, 규제적 분류의

— 식의 과학들의 집합을 의미하는 sciences로 표기되었다.

필요성이라는 충분히 정당한 요구에 따라 수행된다. 이는 최근 내분비계 교란 물질의 경우처럼, 그 기준이 경험적 데이터에 기반하여 문제 제기를 받는 경우에도 그렇다. 여기서 우리는 '협약(conventions)', 또는 상충하는 이해관계를 가진 당사자들 사이에서 협상된 합의에 관해 이야기할 수 있다. 이것은 결코 불명예스러운 것은 아니지만 각별한 주의와 경계를 요구한다. 이러한 협약을 존중한다는 것은 이익을 위해 그것을 악용하거나 심지어 그것에 포함된 시험들에서 부정행위를 저지르는 사람들을 감시할 것을 요구한다. 이러한 맥락에서, '무언가를 입증하는 과학'의 고유한 권위에 호소하면서 설전에 가담하는 주장은 당사자 중 누군가가 부정한 의도를 품고 있다는 신호이다.

이러한 협약을 특징짓기 위해, 나는 근대과학의 표준적인 개념과는 다른 유형의 과학적 실천의 유형을 끌어오고자 한다. 그것은 공공 질서와 번영의 수호자 역할을 하는 국가에 봉사하는 것으로 정의되는 '관방학(cameral science)'[42]이다.[43] 나는 이러한 관방학을 실험실 작업, 통계

---

42 [옮긴이주] '관방학'이라는 용어는 원래 17세기 독일에서 발달한 국가관리학을 지칭하는 것으로, 국가 통치에 필요한 행정기술과 지식을 제공하기 위해 형성된 학문 체계를 말한다. 이 책에서 저자는 이러한 관방학 개념을 차용하여, 그 목적이 진리 탐구가 아니라 정치적, 행정적 결정을 위한 정보를 제공하는 데 있는 과학적 실천들이 있음을 보여준다.

43 이 주제에 대해서는 푸코의 통치성 및 그것의 제도에 관한 저

조사, 결정을 내리기 위해 (또는 결정에 도달하기를 바랄 때) 사용되는 운영 모델과 같은 일련의 실천들을 포함하도록 확장하는 것이 적절하다고 생각한다. 이러한 실천들은 분명 객관성, 방법, 사실의 관점에서 제시될 수 있지만, 이들이 생산하는 것은 어떤 상태나 상황에 대한 '정보'로 이해되어야 한다. 여기서의 상황은 우선적으로 외부의 무언가를 행위하고 평가하고 규제하는 권력에 반응하는 범주들로 구성되어 있다. 여기서의 실천들은 마치 하나의 지각 기관처럼 작용한다고도 말할 수 있다. 즉 어떤 기관이 인식과 결과를 연결시킬 권한을 가진다면, 그 기관이 실제로 관심을 두거나 관심을 두어야 할 모든 것을 선택하고 그에 형식을 부여한다는 것이다. 이러한 형식화(formalization)는 '객관화(objectivation)'로 불릴 수도 있는데, 이는 행위 가능성에 대한 일방적인 정의다.

따라서 비판적인 작업을 포함한 많은 사회학적 연구들은 관방학적 실천으로 분류될 수 있고, 상이한 과학 공동체에 속한 많은 전문가가 이에 협력하고 있다. 여기서 중요한 것은 이 실천들을 비난하려는 것이 아니라, 그것들이 소위 근대과학의 계보보다 훨씬 오래된 계보에 속한다는

— 작들을 참조하라. 내가 협약이라고 부른 것은 푸코의 '실천적 집합체(practical ensembles)'와 관련이 있다. '협약'이라는 용어를 선택하면 협약의 유지에 필요한 관리 유형에 관한 질문이 제기된다.

점을 강조하는 것이다. 이러한 실천들은 공적이든 사적이든 '정부'의 필요와 관련이 있으며, 이는 통치의 기술과 관련되는 것이지 새로운 것을 배울 수 있는 상황을 조성하는 것과 관련된 것이 아니다. 이러한 실천들이 생산하는 결과에 관심이 있는 사람들은 (이상적으로는) 그 결과로 만들어진 지식에 '기반하여(informed)' 행동할 가능성이 있는 사람들이어야 한다. 여기서 '동료'나 '유능한 동료'는 특별한 역할을 하지 않는다. 반면에 이러한 실천들과 관련된 것이 무엇인지 정의하는 것은 정치적 행위에 매우 구체적인 역할을 부여한다. 듀이가 『공공성과 그 문제들』에서 보여준 것처럼,[44] GMO 사건이 보여주듯이, AIDS 치료제의 임상시험에 대한 액트업(ACT UP)의 개입이 보여주듯이,[45] 정치적 행위는 '공적 쟁점'을 창출하는 것을 목표로 한다.

---

[44] John Dewey, *The Public and Its Problems*, New York: Holt, 1927. 한국어판, 정창호·이유선 옮김, 한국문화사, 2014.

[45] [옮긴이주] '액트업(AIDS Coalition to Unleash Power)'은 대표적인 AIDS 활동가 단체로, 1980년대 중반 미국에서 창설된 후 여러 나라에 지부가 설립되어 AIDS 환자를 위한 급진적, 직접적 사회운동을 추진했다. 저자가 이 책에서 소개하는 사례는, 액트업의 활동가들이 AIDS 치료제의 임상 시험 방식과 승인 절차를 바꾸어낸 사건이다. 1980년대 중반부터 1990년대 초까지 액트업 활동가들은 사망률이 높은 질병에서 위약군을 두고 이중맹검 방식으로 치료제의 효과를 평가하는 것이 비윤리적일 뿐 아니라 신뢰할 만한 결과를 얻기에 부적절하다고 주장했고, 이는 AIDS 치료제에 대한 임상 시험을 더 민주적이고 정치화된 영역으로 끌어내는 데 중요한 역할을 했다.

그것은 국가 또는 국가와 유사한 기관들이 새로운 책임을 받아들이거나, 그들이 공공질서의 정의를 수정하기를 촉구하며, 따라서 그들이 필요로 하는 정보를 정의하는 방식도 함께 수정하게 된다. 쟁점을 창출하는 것은, 좋든 나쁘든 그야말로 정치적 사건이다.

과학의 다원성에 관한 질문은 오직 이러한 첫 번째 결합물이 용해된 후에야 제기될 수 있다. '당신은 이 가설을 받아들여야 하며, 그렇지 않으면 더 이상 과학적 방식으로 우리의 대상을 정의할 수 없다'는 주장이 관방학에 적합한 객관화의 명령으로 귀속될 때 말이다. 그런 후에 '과학적 방식으로'라는 표현은 '결정이나 행동을 가능하게 하는 방식으로'라는 말로 대체된다. 그리고 그제야 다원성의 문제가 등장한다. 만약 우리가 관방학과는 달리 '근대적'이라고 할 수 있는 과학들로 눈을 돌린다면, 이번에는 '객관적'이라고 불릴 해석을 정당화하는 '사실'을 확립하라는 명령에 의해 생산된 두 번째 결합물을 어떻게 용해할 수 있을까?

'객관성'이라는 용어는 다음과 같은 온갖 종류의 결합물을 조장하기 때문에 적절하지 않다고 의심할 수 있다. 실험과학에 의해 정의된 대상과 관방학에서 요구되는 객관화의 명령 사이의 결합물, 방법론적으로 정의된 사실과 실험적 사실 사이의 결합물, 그리고 '과학'과 그것에 반대되는 것으로 여겨지는 비이성적이고 주관적이며 이기적인 의견 사이의 결합물이 그것이다. 반면에, 성공이라는 문제는 유능한 동료들을 서로 연결하는 것, 그들이 유능한 사람들로서 근본적으로 중시하는 것, 그리고 그들의 유능함을 위치짓는 것들과 잘 연관될 수 있을 것이다.

실험과학이 성공하는 방식에는 상당히 이상한 점이 있다. 단지 연구할 대상을 추출해내고, 그것을 과학자의 질문에 따라 정의된 환경 속에 이식하는 것만으로는 실제로 충분하지 않다. 이러한 이중의 작업이, 얻어지는 응답의 종류에 적극적으로 개입하지 않아야 한다는 점도 필수적이다. 이는 특히 유사-실험적 상황에서 두드러지는데, 연구 대상이 단순히 설정된 상태에 놓일 뿐 아니라 그 대상이 객관성의 기준에 부합하는 방식으로 행동하리라고 미리 예상되는 상황('쥐처럼 행동하기')이기 때문이다. 유능한 실험과학자들이 걱정하는 것은, 자신이 수행한 추출이 질문에 대한 응답을 혼탁하게 만들 수 있는 기생적 효과들로부터 철저히 '정제되었는지' 여부이다. 이는 다시 말해, 그 질문이 '올바르다'는 것을 의미한다. 즉 그 질문이 쉽게 '구분될' 수 있는 현상의 한 차원을 다루고 있으며, 그렇기 때문에 그 차원은 그것이 속한 환경과는 독립적으로 현상에 귀속시킬 수 있다는 것이다.

이로부터 실험적 성공의 조건이 매우 제한적이라는 것이 분명해졌으며, 이는 세 가지 관점에서 그렇다. 연구 대상을 실험실 조건에 굴복시킬 수 있는가? 추출 과정에서 제거되는 것은 단순히 질문에 '기생하는' 것이라고 정의할 수 있는가? 마지막으로, 연구 대상은 그것이 이식된 환경에 내재한 의도성에 무관심한가? 그 환경이 애초에 그것으로부터 답을 얻기 위해 '만들어진' 것인데 말이다. 응답을 구성하는 것이 '대상의 행동'인가, 아니면 이러한 행동은 그저 그것이 과학자에게 반응하는 방식일 뿐인가? 이 마지막 조건은 복종이나 굴복 같은 용어들이 조장해 온 결합물을 용해한다. 실험적 성공에 대한 공공의 적 1호는 사회과학에서 결코 배제하지 않는 어떤 것, 즉 '연구 대상'이 과학자가 자신에게 기대하는 방식이라고 생각하는 대로 행동할 수도 있다는 가능성에 해당한다.

이 마지막 관점에서 보자면, 우리는 소위 '경성' 과학과 '연성' 과학의 대비를 또 다른 방식으로 이야기할 수 있다. **애초에** '경성' 과학이 제기하는 질문은 오직 그 분야의 유능한 동료들의 관심만 끌고, 따라서 '대중'의 관심을 끌거나(통속화), 그들의 명제로부터 '비과학적' 결과('이익')를 도출할 수 있는 사람들의 관심을 불러일으킬 필요가 생긴다. 어떤 과학이 '연성'이라고 불리게 되는 것은, 비전문가들이 그 과학에 대해 언급할 자격이 있다고 느끼며 그것이 제기하는 질문에 대한 우려나 관심이 있기 때문에 그에 대한 의견을 제시하려는 때이다. 따라서 의견과 거리를 두는 세 가지 방식은 다음과 같다. 관방학적 조사. '의견'들을 약화시키는 데 전념하는 비판적 탐구. 과학이 의견에 맞서

승리하는 것이 과학적 진보를 보여주는 주요한 척도가 될 수 있다고 보는 사람들만이 관심을 보일 만한, '다른' 지식을 생산할 수 있게 하는 방식에 연구 대상을 굴복시키는 것.

내가 실험적 성공을 위해 필요한 것이 극도로 엄격하다는 점을 강조하면서, '경성' 실험과학이 이미 누리고 있는 특권을 정당화하려는 것은 아니다. 오히려 나의 목표는 실험적 성공을 다른 방식으로 이어가고, 그것을 재창조하며, 다른 유형의 조건들과 연결함으로써 다른 종류의 성공에 여지를 마련하는 데 있다. 이러한 조건들은 반드시 연성일 필요는 없다. 또한 실험적 조건만큼 엄격할 수 있는 있지만, '단지' 상당히 다른 것을 요구할 뿐이다.

그렇다면 '실용적'이라고 부를 수 있는 관점이, 실험적 성공이 요구하는 바를 모델로 삼아 구상된 '과학적 세계관' 개념을 대체할 수도 있을 것이다. 이 과학적 세계관은 근본적으로 무관심하며 확실히 복잡하지만 오직 한 가지 유형의 성공만을 제시하는 세계를 상정한다. 즉 '올바른 질문들'을 제기할 수 있게 해주는 '올바른 관점'을 발견함으로써 뒤섞인 경험적 관찰들이 이해 가능해지는 세계이다. 이러한 세계관이 지배적인 한, 천문학이 권위 있는 선례로 남을 것이다. 왜냐하면 우리에게 말하길, 케플러에 이어 뉴턴이 그것들을 이해할 수 있게 만드는 관점을 발견하기 전까지는 경험적 사실들의 축적만이 있었을 뿐이기 때문이다. 그러니 축적하면서 천재들이 나타나기를 기다리자. 그러나 이런 제안이 신경생리학 문헌에 등장한다면, 이는 결코 사소하지 않은 차이를 간과하는 것이다. 즉 하늘은 그 자체를 관찰할 수 있도록 두면서 관찰 그 자체가 어떻게 그것을 교란할지에 대해 질문하지 않는 반면, 뇌는 뇌를 지닌 피험자가 실험의 명령에 '순종해야'만 그 활동이 연구될 수 있다는 차이 말이다. 반대로, 실용적 접근 방식은 이러한 차이에 훨씬 더 많은 주의를 기울일 것이다. 이는 실험적 성공의 조건들 자체를 의문에 부쳐야 함을 암시한다.

프라그마(pragma)는 '일(affair)'을 의미한다. 과학자의 일은 언제나 사물들을 서로 관계 맺게 하면서 이루어지고, 그 과정에서 다른 존재들과 매우 특정한 관계가 만들어지며, 이러한 존재들이 명확히 정의된 질문에 답하도록 만든다. 하지만 이 장르에는 많은 관계 유형들이 있으며, 여기에는 유혹, 고문, 통계 조사 등의 이름 아래에서 이루어지는 관계들도 포함된다. 내가 '근대과학'이라고 부를 때 우리가 다루는 것은, '유능한 동료들'이 자신들의 연구 대상**으로부터 배울** 수 있게 해주는 관계 유형들에 대한 질문을 중심으로 모이는 집단적 실천이다. 달리 말해서, 이러한 관계들이 성공적 실험의 가치를 연장하는 '과학적' 가치를 가지기 위해서는, 연구 대상이 자신에게 던져진 질문을 위태롭게 만들 수 있는 능력을 갖도록 허용해야 한다.

이 주장은 문제를 해결하는 것이 아니라 문제를

제기하는 데 기여하려는 것이다. 왜냐하면 여기서 '연장한다'는 것은 닮아 있다는 의미가 아니기 때문이다. 그리고 '능력을 갖는 것'은 단순히 '가능성을 갖는 것'을 의미하지 않는다. 오히려 인간이라는 '예의 바른' 존재를 다룰 때, 연구 질문이 자신들을 어떻게 '겨냥하는지'를 이해할 수 있으며, 경우에 따라서는 이에 이의를 제기할 수 있는 권리가 있다고 느낄 수 있어야 한다는 것을 의미한다. 이것이 바로 브뤼노 라투르가 사회과학에 관해 말하면서, 비판사회학자들이 격렬하게 저항하는 실험과학자들을 자신들의 표적으로 삼음으로써 복된 죄(felix culpa), 즉 운 좋은 결과를 초래할 실수를 저질렀다고 말한 이유이다.[46] 실험과학자들은 자신들에게 중요한 것을 고려하지 않는 질문을 받았을 때 모욕감을 느꼈다. 그들에게 중요한 것은, 자신들의 사실에 그들 모두가 동의하게 만드는 힘을 부여하는 데 성공했다는 점이었다. 라투르에게 있어 (비-관방학적) 사회과학은 이 교훈을 받아들여야 한다. 사회과학자들은 이 경우뿐만 아니라, 그들의 연구 대상자들이 질문에 어떤 모욕이 내포되어 있든 '불평 없이' 대답할 때마다 잘못을 저지르고 있었던 것이다. 오직

— **46** Bruno Latour, *Reassembling the Social: An Introduction to Actor-Network-Theory*, Oxford: Oxford University Press, 2005, pp. 93~106.

'반항하는(recalcitrant)' 참여자들과 함께할 때에만, 즉 자신들에게 중요한 것이 인정되고 자신들이 다루어지는 방식에 반영되기를 요구하는 이들이 있어야만, 과학적 가치를 주장할 수 있는 관계가 만들어질 수 있다.

대비

실험과학에서의 전형적인 위험은 질문이라는 행위가 부분적으로 그 원인이 될 수 있는 '인공물(artifact)'이 우연히 생성되는 것이다. 이러한 위험은 질문을 받는 대상이 자신에게 제기된 질문에 무관심해야 함을 전제한다. 반면에, 내가 규정하는 사회과학은 그들의 연구 대상이 질문에 무관심하지 않을 것을 요구한다. 물론 이는 질문을 받은 이들이 연구자에게 자신들이 어떻게 묘사되기를 원하는지 지시할 권리를 가진다는 의미는 아니다. 그저 그들이 자신들에게 제안된 관계의 연관성을 평가할 수 있는 능력을 가지고 있다는 의미일 뿐이다. 이 첫 번째 대비는 다른 것들도 활성화시킨다. 그래서 '라투르적인 사회학자'가 동료들에게 보고하는 것은 실험과학자가 동료들에게 보고하는 것과는 확연히 다를 것이라는 점은 확실하며, 이는 적어도 세 가지 측면에서 그렇다. 첫째, 라투르적인 사회학자는 자신들이 다루는 사실이 그 자체의 해석을 강제하는 것이라고 주장할 수 없으며, 그 사실이 동료들을 검증자로 구성한다고 주장할 수 없다. 즉 자신의 실험실에서 '그래야만 하는(should)'(갈릴레이가 실험에 대해 적은 유명한 116f folio에 등장하는 첫 단어는 당연히 그러해야 한다는 의미의 doveria였다[47]) 혹은 '그럴 수도 있는(could)'(실험에서의 두 번째 단어가 '그렇다면(but then)'이라는 문구였다) 결과들을 시험해야 하는 검증자로 구성된다고 주장할 수 없는 것이다.[48] 둘째, 그의 동료들은 더 이상 각 관계 설정의 성공이 새로운 관계 창출의 가능성을 열거나 닫는 방식의 집단적 역동을 통해 함께 모이지는 않을 것이다. 마지막으로, 그들은 연구 결과를 출판할 때가 되면 더 이상 유일한 수신자가 아닐 것이므로 덜

---

[47] 고정된 높이에서 경사면을 따라 굴러가는 구는 여기에 떨어'져야만 한다'. 1608년에 수행된 이 실험에 관한 재구성에 대해서는 스탱게르스의 *La Verge et le Neutrino*(성모와 중성자), Paris: Les Empêcheurs de penser en rond, 2006를 참고하라.

[48] [옮긴이주] 116f folio는 갈릴레이의 수기 노트의 일부로, 실험 기록이 적혀 있다. 여기서 그는 'doveria'라는 단어로 시작하여 실험 결과로부터 도출되어야 하는 '필연적 결과'를 제시하려 했다. 이탈리아어에서 doveria는 '~해야 한다'는 의미의 조건법으로 영어의 'should'에 해당하며, 이 표현을 사용했다는 점은 그가 실험을 통해 나오는 결과를 '논리적 귀결'로 보았음을 잘 드러낸다. 이는 실험이 단순한 관찰이 아니라 '~해야 한다'는 명제의 논리적 정당화와 연결된다는 뜻을 담고 있다. 또한, 'but then'이라는 표현은 과학적 추론이나 실험에서 논리적 귀결이나 가능성의 전개를 표현하는 전형적인 방식으로, 하나의 결론이 다음 질문이나 시도 가능한 가설로 이어지는 방식을 표현한다.

함께 모이게 될 것이다. 실제로 이런 유형의 성공은 다수의 관심을 끌 가능성이 있으며, 경우에 따라서는 사회학자가 다른 집단과 관계 맺고 평가받는 방식을 변화시킬 수도 있다.

여기서 우리가 다루는 것은 '연성' 과학을 위한 논거로 사용하는 것이다. 갈릴레이의 **doveria**를 입증하는, 갈릴레이의 경사면을 따라 굴러가는 구체와 인간 사이의 차이점 말이다. 사실 이 차이를 우회하려는 과학적 실천은 문자 그대로 그 차이에 사로잡혀 있다. 즉 그들의 피험자가 어떻게 응답을 '해야 하는지'를 이해할 가능성에 대해 정말로 겁을 먹고 있는 것이다. 특히 실험심리학에서는, 피험자가 자신에 관해 생산되는 지식에 관심을 갖는 것이 실제로 절망적인 문제가 되는데, 왜냐하면 연구 대상이 되어야 할 것은 제기된 질문의 의미에 무관심해야 하는 '행동'이어야 하기 때문이다. 피험자를 '속이기' 위해 사용되는 전략은 마술사의 전략과는 달리 충분히 은밀하거나 강력하지 않아서 '사실들'이 매우 취약해지는 것을 방지하지 못하며, 그 전략은 피험자의 순진한 신뢰가 그럴듯하게 유지되는 동안에만 유효하다.

그럼에도 이 차이에 대한 응수는 대립보다는 대비가 되어야 할 것이다. 이때의 대비는 관계의 생산과 그에 따르는 위험뿐만 아니라 유능한 동료들과 그들을 연결하는 관심에도 영향을 미쳐야 한다. 이 점이 중요한 이유는, 동료들 간의 연결이 없다면 성찰성(reflexivity)과 비판적 명확성(critical lucidity)이라는 소중한 개념들은 아무런 효과를 발휘할 수 없기 때문이다. '연성'은 여전히 연성으로 남아 있을 것이다. 즉 근대과학을 특징짓는 지식 구축의 집단적 역동을 결여한 채로 말이다. 혹자는 그것이 중요하지 않다고 말할 수 있고, 어쩌면 우리와는 다른 어떤 세계에서는 그럴 수도 있다. 그러나 학문적 제도들이 빠른 과학들과 그 유능한 동료들의 연구 실천을 본보기로 삼고 있는 이 세계에서는, 그러한 과학들을 모방하는 사람들이 항상 유리할 것이다. 당연한 얘기지만 객관적 평가는 이러한 유리함을 그야말로 헤게모니로 변환하는 데 헌신하고 있다.

과학을 '느리게 만드는 것' 자체가 과학들 사이의 대비를 어떻게 창조할지의 문제에 대한 해답은 아니지만, 그러한 해답을 위한 **필수 조건**이다. 또한 이는 세계를 주어진 것으로 간주하는 누적적 지식 모델에서 벗어난 방식으로 동료들을 연결할 수 있는 평가 실천을 위해서도 필수적이다. 우리의 세상은 '그러므로 …해야 한다' 또는 '그렇다면 아마도 …일 수 있다'와 같지 않은, 다른 유형의 상상을 요구한다. 그리고 이러한 다원성에 상응하여, 각각의 과학 분과가 관계를 확립하는 데 따르는 위험이 의미하는 바를 다루는, 집단적 수련의 다원적인 역동이 가능할 수도 있다.

나는 유망한 사례로, 어떤 민족지학자들이 그와 그가 조사하던 사람들 사이의 안정적인 차이를 보장하던 식민주의적 수단을 내려놓는 위험을 감수했을 때, 그러한 관계가 요구하는 바를 어떻게 수행하는지를 배우는 과정을 살펴보겠다. 연구자들이 보고한 것은 '~에 대한' 지식(knowledge of)이라기보다는 '~사이의' 지식(knowledge between)이었다. 이는 연구자 자신의 변화와 분리될 수 없는 지식으로, 그가 던진 질문은 사물들, 존재들, 관계들에 의미를 부여하는 다른 방식들에 의해 시험되었다. 그리고 이러한 유형의 변화가 수반하는 위험이나 위해까지도 동료들 모두에게 관련이 있을 때, 그의 동료들은 '유능하다'고 할 수 있다. 유능함이란, 연구자들이 자신들의 한 동료가 무엇을 배웠는가, 어떤 한계에 맞닥뜨렸는가, 그리고 그것을 어떻게 조정하거나 그 의미를 인식했는가 등에 대해서 우선적으로 관심을 둔다는 데 있다. 나아가, 연구자가 자신을 어떻게 위치지어야 했는지, 즉 자신의 사유 방식, 청취 방식, 예측 방식 자체가 자신을 위치시키는 방식에도 관심을 가진다는 것이다. 이것이 에두아르두 비베이루스 지 카스트루(Eduardo Viveiros de Castro)가 '사유의 탈식민화(decolonisation of thought)' 과정이라고 부르는 것이다. 그러나 나의 접근 방식은 여기에 비난이나 영웅주의의 의미를 담지 않고 오히려 수련(apprenticeship)의 관점에서 생각하자는 것이다. 민족지학자는 분명 민족지학과 식민주의 사이의 밀접한 관계를 항상 염두에 둘 수는 있지만, 이것만으로 그를 기꺼이 환대하는 사람들로부터 그가 배울 수 있는 능력을 갖추게 되는 것은 아니다.

다른 분야에도 비록 덜 고된 방식이긴 하지만 이와 어느 정도 유사한 집단적 수련의 사례들이 있다. 여기서는 특히 연구자들이 기록물의 지위를 가진다고 여기는 것을 다룬다. 그 대상에는 단지 텍스트만이 아니라 과거의 증거가 될 수 있는 모든 것이 포함되며, 여기서 과거는 인류나 지구, 지구에 거주하는 것들의 과거이다. 물론 기록물은 '주어진 것'이라고 할 수도 있다. 기록물로 간주되는 것이 끊임없이 늘어난다고 하더라도 말이다. 그러나 바로 이러한 증식은 서로 다른 잔재들이 미묘하게 얽히며 서로를 증언하고 서로에게 일관성을 부여하는 과정으로, 이는 더 많은 지식에 기여할 뿐 아니라, 새로운 방식으로 다양한 과거를 서술하고 그 고유한 일관성을 탐구하는 수련에도 기여할 수 있다. 이러한 수련은 '여전히' 또는 '이미'와 같은 용어를 사용하는 '진보주의적' 관점에서 정의된 단순화 방식에 과거를 종속시키지 않고 이루어진다.

그러나 무엇보다도 '과학'이라는 결합물이 과학을 풍요롭게 만드는 것과 충돌하는 방식에서, 우리는 '증명하는 사실들'이라는 가치 외의 다른 가치들이 전면에 나서고 있으며 다른 평가 방식들이 도입되고 있다는 점을 느낄 수 있다. 이러한 관점에서 진화생물학 분야는 주목할 만하다. 다윈 이래로 진화생물학은 인간을 향한 진보라는 생각을 거부하는 것에 기반해 왔지만, 이로써 '환상을 폭로하는 과학'이라는 주요한 수사를 보여줬다는 점에서 논쟁적인 자부심에 사로잡혀 있다. 다른 분야와 마찬가지로, '어떻게 잘 서술할 것인가'에 대한 질문들이 다양하게 제기되고 정교해지고 대화적으로 발전되어 왔다. 그러나 진화생물학만큼 모든 역사를 자연선택이라는 하나의 진실만을 단조롭게 증언하는 '사실들'로 환원시키는 기계에 의해 이러한 질문들이 억압되는 경우는 찾아볼 수 없다. 그러나 '증명의 문제(matters of proof)'가 되는 것은 진화생물학자가 들려주는 역사만은 아니다.[49] 동물행동학부터 인간과학(human sciences)에 이르기까지 '진정한 과학'은 권위 있는 학술지에 '사실'을 발표하는데, 여기서 사실은 그것의 맥락으로부터 거친 방식으로 추출되어 (물론 '그래야 한다'나 '그렇다면')과 같은 언급은 전혀 없이) 자연선택의 보편적인 설명력을 증명하는 것으로 해석된다. 이는 '여전히' 다른 배움의 방식을 찾고 있는 '뒤처진' 동료들의 환상에 맞서는 것으로 제시된다. 이

---

[49] 리처드 도킨스(Richard Dawkins)의 확장된 표현형 개념은 이러한 관점의 전형적인 예이다. 이 개념은 특정한 역사를 집단유전학이라는 동일한 교훈의 관점에서 해석할 수 있게 한다. 천체의 운동을 원과 주전원의 결합으로 환원하여 '구제한' 코페르니쿠스 이전의 천문학을 상기하면, 표현형(결국에는 유전적으로 결정되는 것으로 정의됨)의 개념을 동물의 환경에서 그 동물을 둘러싸고 있는 모든 것(거미줄, 비버의 댐, 인간의 책)으로 확장하는 도킨스의 개념은 주전원을 생산하는 기계라고 할 수 있다.

분야만큼 '증명하는 사실'이라는 가치가 그토록 파괴적인 폭력을 일으킨 곳은 어디에도 없다. 자신들의 분야가 어리석음으로 황폐해지고 있다고 외치는 사람들의 절규에 귀 기울이지 않는 평가 모델이 뒷받침하면서 말이다. 아, 불쌍한 다윈![50]

야외 동물행동학의 상황은 약간 다르다. 영장류학은 명백한 수련 과정의 본보기를 제시했다고 말할 수 있으며, 거기에 참여한 사람들이 이를 높이 평가했다. 그것은 조사 대상들에게 자신들에게 던져진 질문의 연관성을 시험할 수 있는 능력을 부여하는 관계들의 까다로운 성격과 관련이 있었다. 몇 년 후 영장류를 시작으로, 그 후 점점 더 많은 동물들이 증명되어야 할 대상의 지위에서 벗어났다. 심지어 동물행동학이 그것의 '과학성'을 보장하는 방법에 의해 규정된다고 할지라도, 인간 중심적 사고로 의심될 만한 모든 것을 검열하는 규범은 더는 안정적이지 않다.[51] 만약 명망 있는 연구팀이 이전에는 웃음거리였던 질문을 진지하게 다룰 용기를 내고 유명한 학술지가 그들의 연구 결과를 발표한다면, 이제 이는 금기를 깨기에 충분하며 연구팀들은

---

50 Edited by Hilary Rose and Steven Rose, *Alas Poor Darwin: Arguments Against Evolutionary Psychology*(아, 불쌍한 다윈: 진화심리학에 대한 논증), London: Vintage, 2012.

51 Vinciane Despret, *Penser comme un rat*(쥐처럼 생각하기), Versailles: Éditions Quae, 2009를 보라.

그 열린 문을 통해 몰려든다. 그러나 그렇다고 해도 원칙적으로 금기는 그대로 유지된다. 한때는 배제되었던 것이 이제 포함되었다는 사실이 '진보'로 칭송되지만, 그렇다고 해서 '방법'이 타협되지는 않는데, 이 방법 외부의 모든 것은 사소한 일화일 뿐이다. 아무것도 배우지 못한 채 무언가를 증명했을 뿐이다(예를 들어, 동물이 보상을 **예상한다**는 것을 증명한 것은 행동주의 심리학의 기본 도식을 혼란스럽게 만들었다). 물론 과거에 부정되었던 것이 이제는 반드시 고려해야 할 것으로 바뀌는 순간, 수많은 '사실들'이 갑자기 잊힐 수도 있다. 그러나 그 잊힌 사실들은 동일한 유형의 사실들로 대체될 것이며, 이는 연구자들의 경력이 걸려 있는 '진지한' 학술지들이 선호하는 동일한 과학성의 기준에 맞춰질 것이다.

세심하고 섬세한 사고를 하는 사람이라면 앞서 제시된 서술들의 많은 점에 대해 비판하리라는 것은 두말할 필요도 없다. 그리고 그것이 서술이 아니라, 우리의 익숙한 사고방식을 뒤흔들기 위한 다소 거친 시도에 가깝다는 점을 말하지 않을 수 없다. 예를 들어, 연구가 지나치게 구획화되어 있다는 의례적인 불평이나 학제적이거나 초학제적인 접근이 필요하다는 주장을 제외하고는, 우리의 연구 기관들이 최근 해체되기 전까지는 지식을 발전시키려는 열성적인 의무에 부응하는 건전한 분업 체계의 첫 근사치였다는 따위의 생각이 흔들리는 것이다.

더 정확히 말하자면, 나의 접근법은 결국 충분히 단순한 하나의 가설에 대응하는 일종의 사고실험이다. 그 가설이란, 근대과학 개념과 관련된 지식 유형은 가장 본질적인 면에서 논증적(discursive)이지 않은, 매우 독특한 특징을 가진다는 것이다. 즉 하나의 명제에서 다음 명제로 나아갈 수 있게 해주는 '그러므로(and therefore)'들로 장착되어 있지 않다는 것이다. 오히려 이러한 지식은 모든 '그러므로'를, 그것이 성공적으로 만들어진 관계라는 사건과 연결될 때에만 가치가 있는 것으로 바꿔 놓을 것이다. 이는 그 지식의 가치가 미결 상태로 남게 됨을 의미한다. 바로 이것이 내가 사고실험을 통해 탐구하고자 했던 것으로, 즉 지식 구성의 역동적 집단들이 이러한 '미결' 상태를 창조하는 기술을 배우는 수련의 과정으로 함께 모일 가능성에 대한 탐구이다.

물론 이 실험이 특별히 체계적이지는 않았지만, 나는 화이트헤드가 사고와 상상을 자극하는 '유혹'이라고 부르는 것을 제공함으로써 가설을 세워보려고 했다. 나는 약간은 다른 세상에서 과학이 무엇을 할 수 있을지 또는 무엇을 할 수 있게 될지에 대해 우리가 전혀 모른다는 생각과 감각을 불러일으키고 싶었다. 이런 세상에서 과학자가 '보고'하는 것의 가치는 유능한 동료들에 의해 평가되고 새로운 종류의 실재론과 연결된다. 이러한 탐구는, 실재에 대해 보고되어야 하는 것이 우리가 그로부터 배우도록 강제당한 것과 분리될 수 없을 때 실재가 요구하는 것이 무엇인지에 대한 것이다.

공생

한 가지 확실한 것은, 이 '약간은 다른' 세상은 '순수한' 과학이 존경받는 세상은 아니라는 점이다. 즉 과학이라는 것이 인간이 직립한 이래로 자신을 둘러싼 우주의 수수께끼를 하나씩 해독하는 순수한 노력으로 여겨지는 세상은 아니라는 것이다. 근대과학이 시작된 이래로 과학 지식은 항상 '비과학적' 가치들의 형성에 참여해 왔다. 그리고 '과학의 성전'이라는 관념은 아인슈타인이 종종 묘사했던 바에 따르면, 세속적인 세상의 진부함에서 벗어나 심오한 지성을 발견하려는 사람이라면 누구나 환영받는 곳으로, 관조적 유형의 진리라는 이상과 연결되어 있다.

그럼에도 불구하고, 우리가 '가치화(valorisation)'라고 부르는 것, 즉 과학 지식이 '지식의 진보'에 기여하는 것 외의 이유로 가치를 인정받는 것은 실험과학과 관방학의 이중 모델에서 분명히 벗어나야 하지만, 동시에 이러한 모델들을 특정한 사례로 설명할 수 있게 해준다. 여기서 나는 공생(symbiosis)이라는 개념을 이질적인 존재들이 연결되는 것으로 사용할 것인데, 여기서 각 존재는 이질적인 방식으로 자신의 세계를 중요하게 만들고, 자신의 방식으로 그로부터 이익을 얻거나 그에 가치를 부여한다.

실험과학의 역사는 공생에 관한 수많은 예시를 제공한다. 수학과의 공생, 기술과의 공생뿐만 아니라,

자신들이 만들어낸 것을 '가치 있게' 만들 힘을 지닌 이들과의 공생도 있다. 이는 관방학들에도 적용되는데, 이러한 분야에서는 무엇이 합법적인지, 규제되는지, 또는 감시되는지가 지속적으로 변화함에 따라 그 규약이 끊임없이 검토된다. 어떠한 '해야 한다(should)', '할 수 있다(can)', '할 수 없다(cannot)', '해야만 한다(must)'도 과학적 명제에서 도출되는 '따라서(and therefore)'로 결코 환원될 수 없다. 이러한 표현들은 언제나 번영이나 질서의 정의를 둘러싼 협상의 산물로, 상황에 따라서, 그리고 크고 작은 권력을 지닌 이해관계자들 사이에서 이루어진 것이다.

하지만 이것은 공생이 언제든 순수하고 단순한 포획의 관계로 뒤집힐 수 있다는 사실 또한 보여준다. 자신의 알이 경쟁적 유연성의 명령으로부터 자신을 구할 만큼 가치 있다고 믿었던 황금알을 낳는 거위의 현대판 살해가 이를 상기시킨다. 공생이라는 개념에서 흥미로운 점은 그것이 '가치화' 방식의 다양화와 연결될 뿐만 아니라, 포획의 위험에 대해 능동적으로 주의를 기울이는 것과 연결된다는 점이다.

과학과 기술-산업적 혁신 간의 공생은 이제 직설적인 포획 관계로 뒤바뀌었다. 하지만 우리가 보았듯이(그리고 이 주제는 다음 두 장에서 더 깊이 다룰 것이다) 꽤 오랫동안 이 관계는 과학적 명제의 '가치'를 평가할 수 있는 주체의 수가 급격히 줄어든 것으로 나타났다. 반대로, 만약 이러한 가치가 진보와 근대화라는 지배적 담론에 포획되는 것을 피할 수 있다면, '가치화'라는 용어는 '문제(problem)'와 동의어가 되어야 하며 이에 대한 철저한 조사가 필요할 것이다. 이러한 관점에서 볼 때, 과학을 '느리게 한다'는 관념은 과학자들이 어떻게 이러한 감속에 참여하도록 훈련될 수 있을지의 문제와 연결된다. 특히 그들이 '시간을 낭비하지 말아야 한다'는 의무를 내면화하도록 요구하는 모든 평가와 판단의 방식들에 도전함으로써 말이다.

공생의 문제를 여기서 멈출 수는 없기에, 나는 이 장을 마무리하며 우리가 흔히 적대적인 방식으로 사고하게 되는 바로 그 지점에서 또 다른 유형의 공생을 상상해보려고 한다. '배움'이 가능한 상황들이 매우 선택적이라는 점을 인정하면서, 사회과학이 관방학과 분리되는 것을 상상해보라. 여기에는 대상자(addressee, 연구자가 배움을 기대하는 사람)가 자신이 다루어지는 방식을 평가할 수 있는 권한을 부여받아야 하며, 그 과정에서 연구자를 '포획'하여 그들의 대변인으로 삼으려고 하지 않아야 한다는 필요성이 포함된다. 이러한 두 가지 조건이 충족될 때 공생적 상호연결(symbiotic interlinking)을 이룬다. '방문하는' 연구자와 그를 맞이하는 사람 모두 서로를 포획하지 않기로 동의할 수 있어야 한다. 이러한 조건이 충족된다면, 그들은 각자 다른 방식으로 자신들이 중요하게 여기는 것을 배울 가능성이 높아진다. 이러한 사회과학이 요구하는 것은 우리가 민주주의라고 부르는 것이 요구하는 것이기도 하다. 즉 민주주의를 어떤 문제에 관심 있는 사람들에게 그에 관한 기성 공식을 받아들이거나 방어하는 데 그치지 않을 능력을 허용하는 집단적 역동이라고 정의할 수 있다면 말이다. 따라서 사회과학은 집단이 자신들의 문제를 구성해낼 수 있는 과정과 공생적 관계에 놓이게 된다. 그리고 바로 이 지점에서 국가 이성(State reason) 또는 오늘날 (좋은) 거버넌스의 실천이라고 불리는 것과 우리의 관계를 적대적인 관점에서 생각하고 싶은 유혹이 생긴다. 나는 이 적대 관계를 본질주의적이지 않은 관점에서, 즉 포획 작용의 결과로 사고해보고 싶다. 그렇기 때문에 이 적대 관계는 공생의 가능성이 여전히 존재하거나 한때는 존재했음을 함의하는 것이기도 하다.

예를 들어, 연구 평가 과정의 문제나, 더 일반적으로는 어떤 의미 있는 실천을 평가하는 상황을 생각해보자. 만약 대상자에게 그렇게 할 권한이 있다면 그들에게 던져진 질문의 연관성에 이의를 제기할 수도 있는 실천들 말이다. 평가를 필수적으로 만드는 것은 공공의 이익을 위한 정당한 거버넌스 결정일 수도 있다(예를 들어 독성학에서 임상시험의 필요성을 규정하는 것처럼). 연구의 경우에도, 우리가 보았듯이, 유능한 동료가 수행하는 평가 방식이 더 이상 효과적이지 않다는 점을 인정하는 것도 정당하다. 그러나 신공공관리 담론이 평가 문제에 대해 제시한 해답은, 거버넌스 자체가 어떻게 포획되었는지를 보여준다. 즉 거버넌스는 (성장이라는 명목 아래) 경쟁력과 유연성의 관점에서 재정의되었다. 만약 거버넌스와 관방학이 그렇게 포획되지 않았더라면, 그들은 결코 평가의 연관성이라는 관점에서 문제를 틀 지을 수 없었을 것이다. 왜냐하면 그들은 연관성을 다루는 분야가 아니기 때문이다. 그들에게 맡겨진다면, 그들은 어떤 상황이든 자신들의 범주, 즉 '평가의 대상이 되어야 한다'에 따라 인식할 것이다. 방어적이지 않은 대응의 가능성(평가를 하지 않는 것!)은 평가 방식에 대한 협상을 필요로 하며, 이러한 협상은 '저항(recalcitrance)'을 요구한다. 즉 관련된 이들이 자신들에게 중요한 것이 무엇인지, 평가가 무엇을 고려해야 하는지, 받아들일 만한 '협약'이 무엇인지를 구성해낼 역량을 필요로 한다.

분명히 말하겠다. '우리는 어떻게 평가받기를 원하는가?'라고 물을 때 그것은 앞서 내가 민주주의와 연관 지어 말한 집단적 역량화의 역동을 요구하는 진정한 시험이다.[52] 그리고 바로 이 지점에서 사회과학은, 그 지식이 권위가 아니라 자원이 되는 환경 속에서 배움을 얻고 자신들의 지식을 가치 있게 만들 수 있다. 이는 거버넌스에

---

52 이 문제는 법에서도 마찬가지로 제기될 가능성이 높다('우리는 어떻게 심판을 받고 싶은가'). Paul De Hert and Serge Gutwirth, 'De seks is hard maar seks (dura sex sed sex). Het arrest K.A. en A.D. tegen België', *Panopticon*, 3 (2005), pp. 1~14를 보라.

'반대되는' 것이 아니라 관방학적 포획에 저항할 수 있는 가능성을 활성화하는 방식이 될 것이다. 사회과학과 국가 간의 연결은 적대적이지도 협력적이지도 않을 것이며, '민주국가'라는 개념만큼이나 불안정한 하나의 연결일 뿐이다. 이는 사물을 중요하게 만드는 두 가지 방식, 즉 서로에게 각자의 방식으로 악몽 같은 존재인 두 방식을 결합시킨다. 사회과학은 결코 국가의 가장 친한 친구가 되기를 꿈꿔서는 안 되는데, 오히려 이러한 사회과학의 성공은 국가의 운영을 더욱 복잡하게 만들 가능성이 더 크다. 그러나 국가가 그러한 복잡성을 예상하고 기대하는 방식, 또는 기껏해야 이를 감내하고 용인하는 방식 자체가 우리가 민주주의라고 부르는 것과 국가 사이의 관계가 얼마나 효율적인지를 가늠하는 척도가 되는 것이다.

엘리너 오스트롬(Elinor Ostrom)의 작업은 이러한 유형의 사회과학에 기여한다. 오스트롬은 사용자에 의해 과도하게 착취될 가능성이 있는 자원은 공적 규제나 사유화(소유자는 자신의 이익을 위해 그것을 관리할 것이라고 가정됨)를 통해 보호되어야 한다는, 반박 불가능해 보이는 통념을 복잡하게 만든다. 그는 이러한 통념이 사용자를 이른바 개별적 행동의 총합으로 간주한다는 전제를 담고 있음을 보여준다. 각 개인은 과도한 착취에 대한 개인적 가책을 느끼더라도, 다른 사람들이 이기적으로 자원을 이용하고 이익을 얻는 상황에서 자신만 '이타적인 희생자'가

되기를 거부할 것이라는 가정이 깔려 있다는 것이다. 오스트롬은 여러 지역에서 집단의 행동이 이러한 전제를 어떻게 반박하는지, 그리고 그렇게 할 수 있는 다른 집단들의 역량이 어떻게 '선의의' 권력 개입에 의해 파괴되었는지를 연구했다. 이러한 경험적 연구를 바탕으로 그는 일반적으로 '공유자원(the commons)'이라고 불리는 것이 작동할 수 있게 만드는 조건들을 정의한다.[53]

과도한 착취는 분명히 일반적 사례를 구성하지만, 그 일반성은 방향을 달리한다. 즉 그것은 수탈의 과정에 기인하며, 집단이 어떤 형태의 집단지성을 발휘할 수 있도록 만드는 것의 파괴에서 비롯된다. 이 집단지성의 한 결과가 바로 오스트롬이 정의한 조건들을 충족시키는 것이며, 이는 목적이 아니라 결과이다. 중요한 점은, 오스트롬이 제시한 조건들은, 공유자들이 자신들이 의존하는 자원을 파괴하지 않을 실질적 역량을 설명해주는 것이 아니라, 그러한 역량이 실현되기 위한 필수조건이라는 점이다. 다른 말로 하자면, 오스트롬은 이들 집단이 자원을 과도하게 착취하지 않을 수 있었던 것에 대해 그들보다 '더 잘 이해한' 것은 아니다.

---

53 Elinor Ostrom, *Governing the Commons: The Evolution of Institutions for Collective Action*, Cambridge: Cambridge University Press, 2015. 한국어판, 윤홍근·안도경 옮김, 『공유의 비극을 넘어: 공유자원 관리를 위한 제도의 진화』, 알에이치코리아, 2010.

이러한 집단들에서 공통으로 발견되는 성공을 살펴보면서 그는 처방이 아닌 교훈을 얻었으며, 이를 이러한 성공의 역량을 파괴할 수 있는 힘을 가진 이들에게 전달하려 했다.

이 구분은 중요하다. 왜냐하면 우리는 실험과학의 추출 및 이식의 작업, 즉 이전 기법들이 '알지 못한 채' 수행했던 것을 규명하는 방식에 익숙하기 때문이다. 그러한 작업은 '근대화'를 가능하게 하는데, 이는 '정화된' 환경이 아니라 새로운 환경에 재이식하는 것이다. 이 과정에서 이전의 의미는 제거될 테지만 새로운 의미(수익성, 경쟁 등)가 도입될 것이다. 그러나 이러한 종류의 작업은 성공적인 추출을 요구하며, 어떤 사람이 중요하다고 판단하는 것과 환상이라고 정의되는 것을 구분할 수 있는 자의적 권리를 요구하지 않는다. 예를 들어, 인지과학자들이 교사들의 '환상'이 무엇이든 간에 역량이라는 개념을 '진정으로' 중요하다고 정의하고, 교육학자들이 그 개념을 가져다가 학교의 맥락에 적용할 때, 그들은 자신들이 교육학을 '근대화'하고 있으며 따라서 그것을 더 효율적이고 민주적으로 만들고 있다고 확신한다. 적어도 확실하게 말할 수 있는 것은, 이러한 작업이 효과적이지 않다는 것이다. 만약 오스트롬이 도출한 조건들이 잘못된 선의로 유사한 '적용' 프로젝트에 알려진다면 동일한 결과가 일어날 가능성이 높다. 그렇게 함으로써 집단이 어떻게 결속되는지, 그 집단이 어떻게 자신의 세계를 중요하게 만드는지, 그리고 그 세계에 거주하는 존재들이 그 집단에게 어떻게 중요한 의미를 가지는지에 대한 질문을 피하게 되기 때문이다.

여기서 다시, 연구 실험실과 '생산력의 발전' 사이의 공생 모델은 부적절한 것이다. 그렇다고 해서 추출이라는 개념 자체가 금지되어야 한다는 뜻은 전혀 아니다. 과학은 추출을 통해서 작동한다. 즉 한 장소에 이식되어 있던 것을 추출하여 그것이 의미를 가질 수 있는 다른 사람들에게 보고되는 수련의 과정을 통해 작동한다. 문제는 추출과 근대화가 연결되는 방식이다. 이 연결 방식은 '우리가 여기서 무엇을 배울 수 있을까?'라는 질문을 판단의 원칙으로 바꿔버리고, 그 결과 추출된 것이 정말 중요한 것으로 간주되고 나머지는 신념과 기생적 습관의 부가물로 격하된다. 이러한 연결을 해체하기 위해 진정한 금지가 필요하다. **누구도 '정말로 중요한 것'을 일반적으로 정의할 권한을 가져서는 안 된다.** 이는 도덕적 금지가 아니라 공생적 문화의 조건이다. 이러한 문화에서는 각 주체가 **자신에게** 중요한 것이 무엇인지를 제시할 수 있는 역량이 중요하게 여겨지고, 각자가 타자로부터 배울 수 있는 것은 언제나 그 타자에게 중요한 문제에 대한 응답으로서 이해되리라는 것을 알게 될 것이다. 우리의 질문은 우리 자신의 것이다. 질문의 가치는 당연히 연관성과 관련이 있다. 이는 질문이 일방적으로 강요되지 않아야 하고 답변이 강제로 얻어진 것이 아니어야 함을 요구한다. 그렇기에 바로 이 연관성이라는 기준이야말로 타자가 무엇을 '믿고' 있든 간에 '정말로 중요한' 것을 추출해내려는 꿈을 몰아낸다. 자신이 의존하는 무언가를 무효화할 수는 없다. 만약 타자를 그들의 고유한 일관성 속에서 존재하게 만드는 것이 그들의 저항을 허용하는 것이라면, 그리고 저항이 연관성에 도달하기 위한 수련의 조건이라면, 이때 문제시되는 꿈은 근대과학의 모험이 아니라, 식민주의의 유복했던 시절과 관련된 것이다. 그 시절에는 다른 모든 것과 마찬가지로 사람조차 우리의 '진보'를 위해 도움이 되는 무언가를 추출해야 할 자원으로 여겨졌으며, 그에 따라 우리는 '그들은 믿지만 우리는 안다'라고 말할 수 있었다.

속도를 늦추기…

'느림'에 대한 권리는 그 자체로 목적이 아니다. 또한, 몇몇 연구자가 '혼자 내버려두라'고 요구하는 방식으로 자신들이 특권적 대우를 받을 자격이 있다고 계속 생각하고 싶어하는 것과도 무관하다. 오히려 내가 여기서 설명해 온 의미에서의 느림은, 속도와 마찬가지로, 연구자들을 유연성과 경쟁력의 명령이 결국 자신들을 파괴로 몰아넣을 것임을 알고 있는 모든 이들과 연결시킨다.

이러한 파괴에 내재된 쟁점은 인클로저(enclosure)

시대[54]를 상기시킬 수도 있다. 당시 농민 공동체는 필수적인 자원을 빼앗겼을 뿐만 아니라 그들을 하나로 묶어주던 것으로부터 분리되었다. 공유지가 사유화되면서 파괴된 것은 실용적인 노하우뿐 아니라 집단적으로 행동하고 사고하고 느끼고 살아가던 방식이었다. 오늘날 자본주의가 근대 국가들과 매우 잘 어울리는 듯 보이는 이유는 둘 다 이러한 종류의 파괴에 뿌리를 두고 있기 때문이다. 민주적 개인, 즉 '그것은 나의 권리입니다…'라고 말하는 사람은 '자율성'에 큰 자부심을 느끼지만, 이는 사실상 그 결과를 '숙고해야 할' 책임을 국가에 다시 떠넘기는 것이다. 자신의 즉각적인 이해관계를 넘어서서 생각할 필요가 없다는 식의, 기묘한 자유다. 자본주의는 그 자체가 재정의되는 세상에서 제멋대로 질주하고 있다. 이러한 재정의들은 모두 우리를 특정한 생산 양식에 더욱 의존하게 만들고 있다. 즉 인클로저 시대처럼, 모든 집단지성의 가능성을 파괴하는 형태의 '진보'를 전제하고 요구하는 것이다. 이는 오늘날 수많은 다른 기관들에 이어 연구 기관들 역시 깨닫고 있는 바이다.

파괴에 대해 이야기한다는 것은, 미국 활동가들이

---

54 [옮긴이주] 15~19세기에 걸쳐 영국에서 귀족과 영주가 공유지에 울타리를 쳐서 사유지로 전환하며 농민의 접근을 차단하는 과정이 대대적으로 진행되었다. 농민 공동체의 해체와 자본주의적 토지 소유체제 형성에 결정적 영향을 미쳤다.

'되찾기(reclaiming)'[55]라고 부르는 것과 함께 존재할 수밖에 없는 저항, 즉 회복하고 치유하고 우리가 단절되었던 것과 다시 연결될 수 있는 능력을 갖게 되는 것에 대해 말하는 것이다. 이러한 '회복(recuperation)'의 과정은 우리가 심각하게 병들어 있으며 너무 오랫동안 그랬던 나머지 우리에게 무엇이 부족한지조차 인식하지 못하고 우리의 병과 그것을 유지하는 모든 것을 '정상'이라고 여기게 되었다는 충격적인 깨달음에서 시작한다. 나는 과학 연구와 평가라는 특정한 사례에 관하여 무엇이 부족한지, 이러한 부족함이 우리를 어떻게 병들게 하는지를 생각하기 시작한 것이다. 우리는 비판적이고 명석할지는 몰라도 우리를 파괴하는 것에 저항하는 데 있어서는 결정적으로 무력한 상태에 있다(마치 공공자원을 남용하지 않으려 해도 개인의 차원에서는 그럴 능력이 없는 사용자들처럼).

자신이 병들었음을 아는 것은 가능성에 대한 감각을 만들어낸다. 우리는 근대과학의 기묘한 모험이 어떤

---

[55] [옮긴이주] 저자가 말하는 '되찾기' 운동은 1970년대 미국에서 시작된 페미니스트 신이교 운동으로, 생태·사회적 파괴에 대한 저항과 여성 성공동체 영성의 회복을 통해 치유와 재연결을 지향한다. 5장에서 자세히 서술되겠지만, 저자는 이러한 되찾기 운동에서 영감을 받아 다른 과학을 세울 수 있다고 주장한다. reclaiming은 재건, 회복 등의 의미를 지니지만, 저자는 현재와 다를 수 있었던 우리 자신과 과학을 변화시키자는 의미로 이 단어를 사용하고 있기 때문에 이 책에서는 '되찾기'로 번역했다.

것이었는지 혹은 어떤 것이 될 수 있을지 알지 못하지만, 우리가 이미 습관적으로 해오던 일을 '더 잘' 하는 것만으로는 배울 수 없음을 알고 있다. 중요한 것은 다소 냉소적인('현실적인') 체념의 태도를 버리고, 우리가 어렴풋이 알고 있지만 마치 꿈속에서 아는 듯 희미한 것에 다시 한번 민감해지는 것이다. 이 지점에서 '느림'이라는 단어는 느린 움직임에서 사용되는 의미 그대로 적절해진다. 속도는 속도를 늦출 수 있는 모든 것, 즉 저항, 마찰, 주저함 등 우리가 이 세상에서 혼자가 아님을 느끼게 만드는 것들에 대해 둔감해지도록 요구하고 또 그렇게 만든다. 속도를 늦춘다는 것은 다시 배울 수 있는 능력을 갖게 되는 것이며, 다시 사물들에 친숙해지는 것이고, 상호의존의 관계를 다시 엮어가는 것을 의미한다. 그것은 사고하고 상상하며 그 과정에서 타자들과 포획의 관계가 아닌 관계들을 만들어내는 것을 의미한다. 즉 우리 사이에서 그리고 타자와 함께, 병든 자들에게 효과적인 종류의 관계를 만들어내는 것을 의미한다. 타자와 함께, 타자로부터, 타자 덕분에 배우기 위해 서로를 필요로 하는 사람들을 위한 관계 속에서, 우리는 살 만한 삶이 무엇을 필요로 하며 가꾸어야 할 가치가 있는 지식이 무엇인지를 배울 수 있다.

4장

루드비크 플렉, 토머스 쿤
그리고 과학을 느리게 하는 과제

루드비크 플렉(Ludwik Fleck)을 그의 '발견자'인 토머스 쿤(Thomas Kuhn)과 비교하는 것은 물론 꽤 전통적인 접근 방식이다. 나는 이 둘을 인식론이나 사상사의 문제로 비교하기보다는, 조금 덜 전통적인 방식으로 접근하려 한다. 마치 화학자가 서로 다른 시약을 사용해 화합물을 시험하듯, 이들의 대조를 하나의 '시험'으로 삼아볼 것이다. 내가 첨가할 시약은 연결이다. 이는 플렉과 쿤이 공통적으로 제안한 것으로 '사실이란 무엇인가?'라는 질문과, 그것이 사실로 받아들여질 때 특정 공동체가 집단적으로 문제시하는 것이 무엇인가 하는 질문 사이의 연결이다. 다시 말해서, 내 접근법에서는 인식론도 철학도 '사실'을 정의할 독점적 권리를 갖지 못하며, 사회학도 사실을 어떤 사회적 합의와 동일시할 권리를 갖지 않는다. '그것이 사실인가?'라는 질문에 대한 답은 그 질문을 관심의 문제로 삼는 사람들의 몫이다.

20년 전, 비판적 사상가들이 '사실의 사회적 구성'이라는 아이디어를 채택하자 그에 격분한 과학자들은 이를 '상대주의'와 연관 지었다. 그러나 곧 살펴보겠지만, 이른바 '지식경제'가 오늘날 연구를 동원하는 방식이 오히려 상대주의가 승리할 가능성을 현실화시키고 있다. 이러한 동원 방식은 과학적 진보와 연관된 집단적이고 협력적인 역동성을 파괴하는 방식으로 진행되고 있다. 이 역동성은 플렉이 그의 저서 『과학적 사실의 기원과 발전』[56]에서 처음 기술했고, 이는 다시 토머스 쿤의 유명한 『과학혁명의 구조』[57]에 영감을 주었다. 나는 플렉과 쿤 모두를 이 새로운 형상의 시험대에 올려놓고자 한다. 그리고 과학적 사고집단[58]이 붕괴할 전망에 직면하고 있는 지금, 과학적 사고집단이 '사실'에 관심을 가질 때, 그 사실이 다른 집단들에게 어떠한 방식으로 중요해지는지에 대한 관심도 적극적으로 포함해야 한다고 제안할 것이다.

나는 토머스 쿤에서 탐색을 시작하려 한다. 왜냐하면 나 자신이 그가 기술한 사고집단의 일원이 되는 경험을

---

[56] Ludwik Fleck, *Genesis and Development of a Scientific Fact*, Chicago: University of Chicago Press, 1979. 한국어판, 이윤상 옮김, 한국문화사, 2020.

[57] Thomas Kuhn, *The Structure of Scientific Revolutions*, Chicago: University of Chicago Press, 1962. 한국어판, 김명자·홍성욱 옮김, 까치글방, 2013.

[58] [옮긴이주] 사고집단(thought collective)은 플렉이 도입한 용어로, 서로 생각을 교환하거나 지적으로 교류하는 공동체로 정의한다. 플렉에 따르면, 사고집단은 사고 영역과 특정한 인식 체계, 문화 상태를 역사적으로 발전시키며 따라서 특수한 사고 양식(thought style)을 역사적으로 발전시킨다. 토머스 쿤은 플렉의 사고집단이 패러다임을 공유하는 집단에 들어맞는다고 보았지만, 이 책에서 스탱게르스는 다른 관점에서 이 둘을 대조하고 있다.

했기 때문이다. 실제로 나는 화학 석사학위를 받은 직후 처음으로 쿤을 읽었는데, 그때는 내가 철학으로 방향을 틀어 새로운 분야의 자원을 탐색하기 시작하던 때였다. 따라서 『과학혁명의 구조』를 읽을 당시 나는 막 과학 교육을 받은 직후였으며, 이 책이야말로 학생이 학문 공동체의 일원이 되는 방식을 실질적으로 보여준다고 생각했다. 쿤이 '정상 과학(normal science)'이라고 특징지은 학문 공동체, 즉 주어진 패러다임에 대해 의문을 제기할 필요를 느끼지 않거나 심지어 그런 가능성조차 인식하지 못하는 단일한 공동체 말이다.

사실 내가 철학으로 방향을 틀게 된 이유는 바로 생산적인 과학적 질문들과 '쓸모없는' 질문들, 혹은 철학자의 관심사로 치부되는 질문들 사이의 엄격한 구분을 따를 수 없다고 느꼈기 때문이다. 나는 쿤이 패러다임과 연관시킨 보이지 않는 규범성, 즉 패러다임이 상식으로서 작동하며 공동체의 소속을 규정하는 것들을 무심코 공유하게 되는 것을 경험했다.

내가 쿤을 읽는 방식은 물리학자나 화학자에게 상당히 전형적인 방식이었다고 생각한다. 그들은 패러다임이라는 개념을 과학 분과가 이룩한 진보의 누적적 성격을 이해하는 방식으로 받아들이고 지지했다. 그 안에서 그들은 자신들이 던져야 할 종류의 질문이 무엇이고, 그러한 질문을 하기 위해 어떤 도구를 사용해야 하며, 수용할 수 있는 답변을 구성하는 기준이 무엇인지를 합의한다.

그러나 우리가 아는 바와 같이 쿤의 작업은 복잡한 과정을 거쳐 수용되었다. 그의 사상이, 서로 다른 사고집단에서 수용된 양상을 설명하기 위해 플렉이 '집단 간 상호작용(intercollective interactions)'이라 부른 한 사례로서 '관심의 문제'라는 개념을 사용하는 것이 도움이 된다.

가장 먼저 반응한 집단은 물론 과학철학자들이었다. 그들은 패러다임이 공약불가능하다는(incommensurable) 쿤의 주장에 아연실색했다. 그들은 경쟁하는 패러다임들을 비교할 수 있게 해주는 중립적 사실이 존재하지 않는다는 주장을 과학적 합리성의 수호자를 자처해 온 자신들의 역할에 대한 공격으로 받아들였다. 그들은 과학 지식의 발전을 보장하기 위해 존중되어야만 하는 합리적 규범을 추출하고 그것으로 사고하는 것이 자신들의 임무라고 여겼다. 이러한 반응은 사고집단의 차이를 보여주는 증거이다. 과학 공동체가 스스로 이성적이라고 인식하는 근거 없이 한 패러다임을 다른 패러다임에 우선하여 선택한다는 사실이, 이들 철학자들에게는 패러다임의 선택이 군중 심리의 관점에서 결정되는 것과 같았다.

그러나 1980년대에 새로운 사고집단이 등장했다. 이들은 각자의 고유한 의제를 지니면서도 공통된 관심사를 공유했다. 비판 이론가, 여성주의자, 탈식민주의 연구자, 그리고 새로운 형태의 과학사회학 분야의 연구자들이 자신의 소속과 관계 없이, 과학이란 다른 분야와 마찬가지로 사회적 실천임을 보이는 것이 자신들의 핵심 의제라 여겼다. 철학자들에게 과학자들의 합의는 실재에 관한 사회적 주체들의 합의일 뿐이어서 실재는 어떠한 차이도 만들어내지 못한다. 다시 말해 그 합의는 실재에 기인한 것이 아니다. 다른 분야는 인간의 사고와 방법론적 선택에 의존하고 있다는 점이 너무나도 명백했기 때문에 이러한 주장의 주요 표적은 무엇보다도 패러다임적 과학이었다.

이처럼 쿤의 패러다임 개념은 과학을 보다 포괄적이고 상대주의적인 방식으로 이해하게 하는 왕도가 되었고, 보편주의적이라는 과학의 지위를 강등시켰다. 물리학처럼 보편성을 주장해 온 과학조차 모든 이성적 인간에게 합의를 종용할 수 있는 실재에 접근할 특권이 없다면, 이는 모든 지식이 사회적 구성일 수밖에 없다는 결론에 이르게 된다. 이로써 각 사고집단들의 의제로 향하는 길이 열렸다. 자연을 비근대적 방식으로 다루는 제국주의자를 실격시키기 위한 투쟁, 페미니스트 인식론에 대한 탐구, 다른 패러다임에 대한 한 패러다임의 승리를 해명하는 사회학 등이 가능해진다.

알다시피 쿤의 작업이 함의하는 바를 두고 과학자들의 반응은 극명한 대조를 이뤘다. 그들은 공약불가능성에 대한 철학적 우려를 드러내지 않았지만, 실재에 대한 자신들의 접근 방식이 단순한 사회적 합의로 환원될 수 있다는 비판에 대해서는 자신들에 대한 공격이라고 느꼈다. 그들의 반응은

'과학전쟁(the science wars)'[59]이라고 불린다. 하지만 그 전사들의 주장이 아무리 무례했다 하더라도 나는 우리가 그것들을 진지하게 받아들여야 한다고 주장한다. 더 정확히 말하자면, 쿤이 기술한 사고집단이 합리적 지식을 습득하는 특정한 과정을 예시한다는 생각에는 별 관심이 없었다는 점을 우리는 염두에 두어야 한다. 반면에 그들이 정말로 우려한 것은 과학이 다루는 대상이 본질적으로 말이 없으며, 그렇기에 대상에 대한 다양한 이해 방식을 구별할 수 없다는 사회구성주의자들의 주장이었다. 그들이 거부한 것은 각각의 사고집단이 자신만의 방식으로 실재를 '본다'는 주장이었다. 과학자들에게 공약불가능성은 두 개의 경쟁 패러다임의 장점을 평가할 수 있는 중립적인 메타 위치가 부재한다는 의미로 받아들여지는 한 문제가 되지 않았다. 단지 공약불가능성이 어떤 식으로든 모든 앎의 방식을 동등하게 인정해야 한다는 의미로 받아들여졌을 때, 비로소

---

59 [옮긴이주] 1990년대 영미권을 중심으로 벌어진 논쟁으로, 과학의 객관성과 진리 주장에 대한 인문사회학적 비판에 대해 일부 자연과학자들이 강하게 반발하며 촉발된 일련의 논쟁을 가리키는 용어. 과학의 사회적 구성 측면을 강조하는 과학사회학자들과 과학의 보편성과 실재 지향성을 옹호하는 과학자들의 인식론적 갈등을 드러낸다. 과학전쟁의 상징적 사건으로 1996년 앨런 소칼(Alan Sokal)이 사회구성주의적 주장에 대한 풍자와 비판을 담아 〈소셜 텍스트〉(듀크대가 발행하는 사회문화 분야에서 유명한 동료심사 학술지)에 의도적으로 난해한 허위 논문을 게재한 사건이 종종 회자된다.

문제가 되었다.

물리학자 스티븐 와인버그(Steven Weinberg)는 이후 과학이 문화적이고 상대주의적이라는 발상을 비판하는 대표적인 인물이 되었는데, 그는 당시 쿤이 자신의 적들이 의존하는 핵심 참고자료가 되었다는 사실에 얼마나 놀랐는지 썼다. 쿤 자신은 결코 그런 역할을 의도하지 않았던 것이다. 쿤의 글을 다시 읽어보면, 그의 텍스트가 지닌 깊은 모호성에 감탄할 수밖에 없다. 그것은 마치 그 유명한 시각적 착시를 떠올리게 하는 진정한 오리-토끼 텍스트(duck-rabbit text)라 할 만하다(140쪽 그림을 참조하라).

나처럼 쿤의 설명을 지지했던 과학자들은 처음에는 패러다임적 과학과 비(非)패러다임적 혹은 전(前)패러다임적 과학을 급진적으로 구분하는 토끼를 보았다. 이는 과학자들에게 그들 자신의 과학이 어떻게 누적적 진보의 혜택을 누렸는지를 설명하는 반면, 다른 근대과학들은 그 방식을 모방하려 아무리 노력해도 달성할 수 없음을 보여주는 것이었다. 그러나 그들은 이내 자신들의 적에게 힘을 실어주는 상대주의적 오리를 발견했다.

토끼를 보는 이들은 축적성을 띠는 '정상' 과학이 다루는 문제들을 퍼즐로 간주하고, 그 해법이 패러다임에 부합한다고 여기는 데 불편함을 느끼지 않는다. 이들에겐 패러다임의 공약불가능성 또한 문제가 되지 않는다. 과학자들은 쿤이 퍼즐이라고 부른 것을 인지하는 것부터

Fliegende Blätter, 1892.10.23, 위키미디어

이를 성공적으로 풀어내기까지의 과정, 즉 패러다임이 예측한 것이 실제로 검증되기까지가 얼마나 어렵고 까다로운지 너무나도 잘 알고 있다. 그 여정에는 논점을 회피하거나 흐리게 만드는 어떠한 지름길도 용납하지 않는 동료 연구자들로 가득하다.

이런 토끼 독법자들에게는 과학혁명의 초기에 종종 결정적인 역할을 하는 끈질기고 쉽게 사라지지 않는 변칙들의 존재 자체가, 쿤이 일방적 통제력을 지닌 유리한 위치에 해석을 두지 않았다는 충분한 증거이다. 실험이 침묵하거나 혼란스러운 상황에 강제적인 해석을 내릴 수 있다면 애초에 변칙은 존재할 수 없을 것이다. 과학자들은 그 어려움을 설명해버리기 위해 합의 가능한 **임시변통적인 해법**을 거리낌 없이 도입할 수도 있다. 쿤이 토끼 독법자들에게 보여준 바는 사실에 대한 해석을 시험하는 반론은 그것이 제기되는 시대에 따라 다르다는 점이었다. 그러나 그들에게 중요한 것은 패러다임이 시대성과 무관한 권위를 지닌다는 생각이 아니라, 패러다임이 사실의 생산을 이끌어내는 능력이며, 그 사실들이 유능하고 비판할 준비가 된 동료들조차 해석에 동의하게 만드는 힘을 지녔는가 하는 점이다. 이 동료들은 분명히 동일한 패러다임을 공유하겠지만 개별 퍼즐로부터 패러다임의 권위를 효과적으로 입증하는 해법 또한 요구할 것이다. 즉 이는 패러다임의 권위가 실제로 유지되고 확증될 수 없는 상황에 임의적으로 부과된 것이 아님을 보여준다.

공약불가능성—경쟁하는 패러다임 사이에서 권위를 갖는 차이를 만들어낼 실험을 두고 과학자들이 합의하지 못하는 이유—이 토끼 독법자에게는 그러한 차이가 **만들어질** 수 없다는 의미는 전혀 아니었다. 그리고 쿤은 실제로, 새로운 패러다임이 제안된 이후의 시기를 비판적 변별이 집단적으로 이루어지는 과정이 지배하는 시기로 특징짓는다. 이 시기에 과학자들은 패러다임들의 차이를 창출하는 작업을 수행한다. 이 과정은 두 패러다임이 적극적으로 생산하고 탐색하고 평가하는 과정을 수반한다. 이는 각 패러다임이 내는 성과의 차이를 드러낼 수 있고, 그 결과 각 패러다임이 얼마나 생산적인지 평가할 수 있는 실험적 상황을 창안함으로써 수행된다.

이것이, 이 이야기가 쿤에게도, 토끼 독법자들에게도 결코 자의적이거나 '군중 심리'에서 비롯된 것이 아니라 중대한 관심의 문제에서 유능하고도 열정적인 망설임, 연구자가 자신의 명성, 앞으로의 연구, 그가 속한 분과의 미래를 걸고 각오를 다지는 문제에 관한 것이라고 하는 이유이다.

그러나 이후 오리 독법이 등장했는데 그것은 쿤의 설명에서 다른 측면들을 이용한다.

만약 쿤의 처음 관심사가 사실에 대한 몰(沒)역사적인 정의에 저항하는 것이었다면, 그는 퍼즐 풀이를 하는 과학자들의 신뢰를 불러일으키는 종류의 사실을 성취하는 데 요구되는 예외적인 성격을 확실히 간과했다. 유능한 동료들의 반론에도 저항할 수 있는 해석을 지닌 그런 종류의 사실 말이다. 쿤을 반실재론자로 읽을 가능성이 제기되었을 때, 그의 토끼 독법자들은 그의 글 어디에도 이러한 성취를 단순한 사회적 합의로 환원시키는 데에 명확히 반대하는 내용이 없다는 점을 발견하고 경악했다. 더 고약한 것은 쿤이 자신의 패러다임 개념을 아리스토텔레스의 물리학이나 코페르니쿠스 이전의 천문학과 같은 분야에까지 명시적으로 확장함으로써 현대의 패러다임적 과학과 비패러다임적 과학을 날카롭게 구분했던 그의 기존 입장과 정면으로 충돌하게 되었다는 점이다.

두 경우 모두에서 플렉이 쿤에게 영향을 주었을

가능성이 크다. 실제로 플렉은 과학적 사고 양식이 주어진 조건에서 '사고의 변덕'을 최소화하면서 '사고의 제약'을 극대화하는 것을 목표로 한다고 설명했다. 플렉의 묘사는 **어떤** 과학 집단에도 적용될 수 있는데 패러다임 내에서 작동하지 않는 집단마저도 포괄한다. 플렉이 자신의 훌륭한 사례 연구—사실에 기반한 매독과 바서만 반응(Wasserman Reaction)의 관계—를 통해 제시했듯이, 사실이란 자유롭고 자의적인 사고를 멈추게 하는 것이다. 이는 패러다임의 사례에서 나타나는 권위에 잘 부합하는 것처럼 보인다. 플렉은 이러한 멈춤이 "각 구성원에게 사고의 제약이자 직접적으로 지각될 수 있는 형태로 깊이 인식되어야 한다"라고 썼다.[60] 따라서 쿤의 오리 독법은 그가 그러한 특징을 받아들였기 때문에 가능한 것이었다. 동시에 이것은 그가 사회학이나 생의학 연구, 코페르니쿠스 이전의 천문학, 양자역학에서 다루는 사실들의 차이를 유효한 사고 제약으로 받아들이지 않았기 때문에 발생한 것이다. 그 결과, 쿤은 자신이 제안했던 그 극적인 구별을 흐릿하게

---

[60] Fleck, *Genesis and Development*, p. 101. (한국어판, 247쪽) [옮긴이주] 이 문헌의 한국어판을 참고해 해당 페이지를 표기하나 번역본의 문장을 그대로 가져오지는 않았다. 플렉의 한국어판은 독일어 원전을 우리말로 옮긴 것이지만, 스탱게르스의 이 책에서는 영어판을 참고했기 때문이다. 옮긴이는 스탱게르스의 책에 실린 문장을 기반으로 번역했다.

만들었다. 그러한 사실들은 매우 비슷해 보일 수 있지만, 플렉과 내가 사실들의 자연사라고 부르는 것은 그렇지 않다. 이와 상응해서, 사실을 존재하게 하고, 사실에 의해 조직되는 공동체들 또한 흥미로운 대조를 이룬다.

이 가설을 뒷받침해주는 것은, 왜 어떤 과학만이 패러다임적 과학이 되고 다른 과학들은 패러다임을 획득하고자 노력함에도 불구하고 그렇게 되지 못하는가를 설명할 수 없다는 쿤 자신의 인정이다. 그리고 알다시피 쿤의 연구가 출간된 후 많은 이들이 패러다임을 형성하려고 필사적으로 노력했지만 별다른 성과를 거두지는 못했다. 나에게는 쿤이 이러한 질문을 던졌다는 사실 자체가, 사실을 변덕 혹은 자의적이고 자유로운 사유에 저항하는 것으로 정의한 플렉의 개념에 그가 얼마나 의존하고 있었는지를 보여주는 듯하다. 그렇다면 왜 모든 과학 집단이 이러한 사고 양식의 혜택을 똑같이 누리지 못하는가?

따라서 나는 나와 같은 토끼 독법자들이 자동적으로 쿤의 글에 패러다임의 권위로 뒷받침되는 성취라는 예외적인 특성을 추가했다고 주장하고자 한다. 이 권위는 실재를 실질적으로 파악하는 데 성공한 '사건(event)'으로서 자신을 드러낸다. 이러한 파악의 범위와 의미는 과학혁명의 결과로 바뀔 수 있지만, 그 자체가 사라지지는 않는다. 새로운 패러다임이 지닌 제약 중 하나는 실험 장비의 신뢰성을 획득하기 위해 해당 장비의 토대가 된 이전 패러다임을 설명하고 확신시켜야 된다는 점이 아닌가? 패러다임은 한 순간의 꿈처럼 사라지는 것이 아니라 실험실 기기에 잔존한다. 그 기기들이 신뢰 속에서 확립해 온 것들은 달라질 수는 있어도 여전히 중요하다.

사실 나는 쿤이 말한 패러다임 안에서 작업하는 과학자들이, 하나의 사실이 획득한 사고의 제약을 결코 멈춤의 성격으로 받아들이지는 않을 것이라 주장하고자 한다. 더 정확히 말하자면, 패러다임이 규정하는 조건하에서 확립된 사실이 '중단시키는' 힘을 발휘해야 했던 대상은 자유롭고 변덕스러운 사고가 아니라 **반론**이다. 이러한 사실들은 내가 '신뢰할 수 있는 증인'이라 부르는 것, 즉 가능한 여러 방식 중 하나에 권위를 부여하는 증인으로 인정받아야 한다. 이와 상응하여, 이러한 사실들을 받아들이는 것은 집단의 깊은 관심의 문제가 된다. 실제로 신뢰할 수 있는 증인으로서 사실들은 해당 집단에게 역동적인 제약으로 작용하며 새로운 질문, 새로운 실험 조건, 새로운 퍼즐의 가능성을 열어준다.

이러한 관점에서 보면, 매독을 진단하는 신뢰할 만한 검사 방법은 경험적 성공으로 확인될 뿐이다. 플렉의 연구에 따르면 바서만 반응의 신뢰성은 의학적으로는 분명 중요하지만, 그렇다고 해서 이 검사로 매독을 검출할 수 있다는 사실이 매독이라는 질병에 대한 특정한 해석을 승인하지는 않는다. 그것은 플렉이 사례 연구에서 언급한 연구자들을 매독에 대한 지식을 획득하는 누적적 과정으로 이끄는 제약을 강제하지 않는다. 확실히 그 사실은 단지 멈춤일 뿐 집단적 '전진(go)'은 아니다.

나는 지금까지 나를 위치짓는 관심사를 소개했다. 나는 화학을 전공했고, 그 과정에서 쿤의 토끼 독법을 익혔기 때문에 '근대과학'이라는 범주 아래 통합된 사고집단들의 급진적인 다원성에 깊은 인상을 받게 되었다. 이 범주는 다양한 과학적 실천의 스펙트럼을 하나로 통합하고 있지만, 그 양극단에 있는 실천들은 나에게는 공통점이 거의 없어 보인다. 그 한쪽 끝에는 집단에 소속되어 힘을 얻는 연구자들이 있다. 이들은 동료들의 관심과 반론에 의존하고, 동료들과 끊임없이 교류하면서 열정적으로 가설을 세우고 반박하고 시험한다. 그 반대쪽 끝에는 연구 대상이 무엇이든 객관성이라는 합의된 방법론적 규약을 관습적으로 적용하는 데 주된 관심을 두는 분야들이 있다. 여기에는 어떤 퍼즐도, 어떤 가능한 변칙도 없다. 오히려 획득된 사실의 과학적 성격을 위협하는 모든 요소를 제거하는 작업만이 있다.

우리는 플렉이 '사고의 변덕'이라고 부른 것을 최소화하는 두 가지 다른 방식을 다루고 있으며,[61] 이는 두 가지 상이한 집단적 역동에 상응한다. 첫 번째 경우에서 객관성은 협력을 요하는 집단적 성취로 정의되며, 이 집단적

---

61 Fleck, *Genesis and Development*, p. 98. (한국어판, 243쪽)

게임에서 반론 제기는 긍정적이며 심지어 필수적이고 장려된다. 두 번째 경우에서는 각각의 개별 작업은 다소 의심스럽고 검열적인 양식으로 주의를 끈다. 이 경우 집단적 상호작용은 정해진 방법론을 올바로 적용했는지를 중심으로 이루어지며, 사실 자체에는 특별한 주의를 기울이지 않는다. 각각의 연구 결과는 우리에게 새로운 가능성이나 질문을 열어주는지의 여부로 평가되기보다는 마치 집을 짓는 벽돌 한 장을 더하는 것처럼 다뤄진다.

그리고 그 스펙트럼의 양극단 사이에 플렉이 분석한 사례와 유사한 분야들이 있다. 이들은 공공의 이익에 대한 질문들과 씨름하며, 내가 세상의 혼란스러움이라고 부르는 것들에 도전하고 동시에 도전받는다.

플렉을 다시 읽으면서, 나는 생의학 연구자들이 자신들이 다루는 주제를 파악하는 불안정한 방식에 대해 플렉이 아름답게 묘사하는 것에 감명을 받았다. 여기에는 퍼즐이 없기 때문에 어떤 패러다임도 없다. 나는 파스퇴르와 코흐의 경직된 사고 방식을 다루는 플렉의 온화한 유머가 좋았다.[62] 두 사람 모두 쿤이 패러다임이라고 부른 것을

---

62 [옮긴이주] 스탱게르스는 생명과학의 패러다임적 경직성을 비판하는 플렉의 태도를 '유머'라고 부르며, 과학적 자기 확신에 대한 부드러운 해체의 방식으로 긍정한다. 이는 전작 『근대과학의 발명(The Invention of the Modern Science)』에서 제시된 유머 개념과도 연결되는데, 이때의 유머는 아이러니와 구별되는 개념으로

수립하고자 노력했지만, 그렇게 할 수 없었다. 각각의 질병, 각각의 미생물, 각각의 문화가 각기 예측 불가능한 질문을 계속해서 제기하며, 퍼즐 풀이자의 자신감보다는 냉철한 주의를 요구했기 때문이다. 나는 쿤이 물리학자와 화학자에게 인정을 받을 수 있었던 것처럼, 오늘날 생명공학자와 생의학 연구자들도 플렉의 유머를 이해하고 어쩌면 은밀하게 공유할지도 모른다고 생각한다. 비록 그들이 자신의 과학을 누적적인 패러다임 과학의 거대한 모델에 부합한다고 여기도록 강요당하고 있다고 느끼더라도 말이다.

내가 말하고자 하는 것은 쿤의 패러다임이 일부 과학에서의 누적적 특성을 중심으로 조직된 반면, 플렉의 질문은 해당 분야에서 다루는 대상의 내재적이고 복잡하게 얽힌 가변성으로 인해 대체로 사실이 단일한 해석을 정당화하는 힘을 가질 수 없는 분야를 다루고 있다는 점이다. 플렉이 연구자가 "손으로 더듬어 보지만 모든 것은 축소되고 확고하게 뒷받침해주는 것이 어디에도 없다"라고 썼을 때,[63]

— 자신이 속한 역사적 조건과의 관계를 인정하면서도 초월적 판단이 아니라 당혹감을 공유하는 평등한 비판의 자세를 나타내기 위해 사용되었다. 이러한 맥락에서 플렉의 유머는 과학의 '진보'를 절대시하지 않으면서도, 실천 속에서 마주치는 불확실성과 다원성에 유연하게 반응하는 태도를 지칭한다.

63 Fleck, *Genesis and Development*, p. 94. (한국어판, 238쪽)

그는 일반적인 인식론적 주장을 한 것이 아니다. 그는 자신의 분야에서 위태로운 '실재', 즉 사실의 권위를 믿고 있는 이들에게 실망을 안겨줄 실재에 대한 실용적인 평가에 대해 말했다. 그리고 그가 "처음엔 잘못된 방향으로 흐르거나, 우회하거나, 이리저리 구불구불 흘러갈 수도 있음에도, 모든 강물이 마침내 바다에 도착"할 수 있는 이유에 대해 물었을 때,[64] 그는 진짜 질문을 던졌던 것이다. 우리는 그의 대답을 알고 있다. 강이 바다에 도달하는 것은 바다에 특별한 속성이 있어서가 아니다. 연구의 흐름은 모두가 동의할 하나의 답을 '찾지' 않는다. "강에 충분한 물이 흐르고 중력장이 존재한다면 모든 강은 마침내 바다에 도달할 수 밖에 없다."[65]

마침내 바서만 검사에 다다르기까지 소급적으로 묘사되는 누적적인 발전에 필요한 것이 바로 이 풍부한 물이다. 다시 말해, 집단 구성원들 간의 지속적인 협력과 상호작용이 필수적이었다. 그러나 만약 매독이 공공의 관심사가 아니었다면, "혈액 검사를 요구하는 여론의 집요한 아우성"이 없었다면, 이 물은 수천 개의 개울로 흩어진 채로 남아 있었을 것이다.[66] 매독 유행이 촉발한 이 아우성이 중력장이었다. 기존 사유의 흐름과 새로운 사유의 흐름이

- **64** Fleck, *Genesis and Development*, p. 78. (한국어판, 216쪽)
- **65** Fleck, *Genesis and Development*, p. 78. (한국어판, 216쪽)
- **66** Fleck, *Genesis and Development*, p. 77. (한국어판, 214쪽)

발전하고 서로 얽히며, 서로를 수정하고 합류하고, 마침내 '진정한 발견'으로 인정받게 될 것을 생산하기에 이른다. 중력장은 바로 이 방향으로 향하게 하는 데 필수적이고 지배적인 지향점을 제공한다.

이는 사회적 가치나 관심으로부터 연구 질문의 자율성이 필요하다고 강조하는 쿤의 관점과 강하게 대비된다. 쿤에게 있어 올바른 질문을 결정하는 것은 패러다임이다. 외부에서 유입되어 퍼즐로 식별될 수 없는 요소는 정상적이고 누적적인 과학의 과정을 교란할 뿐이다. 따라서 패러다임적 과학은 그것들이 사회에 불러일으킬 수 있는 기대로부터 보호되어야 한다. 보다 정확히 말하자면, 과학은 기대에 불을 지피면서 동시에 그것을 허용하지 않아야 한다.

이와 유사한 대조는 연구자가 자신이 속한 집단과 공유하는 특정한 사고 양식을 의식적으로 인식하는 상황에서도 나타난다. 플렉에게 있어 그러한 인식이 까다롭고 언제나 부분적일 수 밖에 없다는 점은 경험적 사실이지만, 쿤에게는 그렇지 않다. 쿤은 연구자가 자신이 속한 패러다임이 지니는 제약적 힘을 자각해서는 **안 된다고** 본다. 그렇지 않으면 그들은 퍼즐풀이자로서 완고한 자신감을 잃게 될 것이다. 그러므로 명료한 자각은 과학적 창의성의 적이다.

이제 오늘날의 지식경제로 넘어가보자. 이 시점에서,

쿤이 핵심적이라 여겼던 연구자 공동체의 자율성이 사라지고 있을 뿐만 아니라, 플렉이 제시한 **내부자 집단**과 **외부자 집단**의 구분에도 의문이 제기되고 있다.[67] 내부자 집단은 '잘 아는' 전문가로 구성된 반면, 외부자 집단은 '선명한 확신'을 가지고 사고 양식을 공유하고 지지하지만 해당 연구에 대한 평가에 적극적으로 참여할 권한은 없는 이들로 이루어진다. 19세기 이래로 산업계에 고용된 연구자의 수를 고려할 때, 이 구분은 줄곧 불안정한 것이었다. 그러나 오늘날 요구되는 공공 연구와 민간 영역의 이익 사이에서 이뤄지는 협력 관계는 이 구분을 날려버렸다. 민간 협력체들은 '외부자' 집단이라 규정하기 어려워졌으며, 사고집단의 내부자적 지식에 강력하게 참가한다.

그러나 '패러다임적' 과학과 산업의 관계에 대한 질문은 새로운 것이 아니다. 쿤이 패러다임적이고 누적적인 과학과 비패러다임적 과학을 극적으로 구분한 것은, 사실 19세기 후반 화학자와 물리학자의 삶에 들어온 관심의 문제를 반복 재생한다. 그들은 자신들의 과학이 산업 발전을 직접적으로

— 67   [옮긴이주] 플렉은 과학적 사고집단의 전문적 지식과 대중적 소통을 구분하기 위해 esoteric과 exoteric이라는 용어를 사용한다. 전자의 경우 과학적 사고집단의 전문적이고 비밀스러운 특징을 지니며 이와 대조적으로 후자는 더 큰 집단인 대중적이고 공개적인 특성을 지닌다. 여기에서는 각 개념의 공동체적이고 사회적인 특징을 강조하기 위해 esoteric을 내부자/내부자적으로 exoteric을 외부자/외부자적으로 번역했다.

뒷받침하는 도구로 전락할까 두려워했다. 아이러니하게도 그들은 그러한 산업 발전이 시작되는 데 강력하게 기여했다. 그럼에도 그들은 쿤이 말한 퍼즐과 그 밖의 모든 질문들을 강력하게 구분하고 그것을 실질적으로 지원하는 제도적 환경을 요구했다. 곤경에 빠진 연구자는 생산적이지 않다. 패러다임적 과학의 빠르고 축적적인 역동성을 방해하면 황금알을 낳는 거위를 죽일 수 있다.

오늘날 황금알을 낳는 거위의 죽음은 패러다임적 과학이든 아니든 모든 과학 분야 사이의 차이를 지워버린 '지식경제'라는 새로운 제도적 환경을 의미한다. 이제 이들을 구분하는 유일한 기준은 '매력도'뿐으로, 경쟁력과 이윤 창출 경쟁에 얼마나 잘 부합하는가이다. 그리고 집단적 연구 역동의 붕괴를 초래하는 유독한 효과의 강도 또한 동일한 기준의 산물이다. 생명공학과 플렉이 속했던 생의학 분야 모두에서 기만적이거나 믿을 수 없는 주장이 폭발적으로 증가하고 이해 상충의 사례들 또한 대체로 피할 수 없는 현실에 직면해 있다. 제약 산업의 직접적 개입은 또한 내부자 집단과 외부자 집단의 관계를 완전히 변화시켰다. 플렉 자신이 강조했듯이, 대중의 관심, 심지어 대중의 분노조차도 바서만 검사로 정립된 '사실'을 생산하고 안정화시키는 데에 유효한 요소였다. 그러나 새로운 상황에서는 신뢰받는 전문가들에게 소리 높여 의견을 제시하는 대중이 더 이상 '중력장'에 속하지 않는다. 대신 대중을 잠재적 수익성 시장들로 세분화하고, 연구자를 특허와 산업 기밀에 묶어 둠으로써, 대중과 연구자 모두를 재편하는 다중적 산업 전략들의 압력이 중력장을 제공한다. 질병을 과장해 수요를 창출하는 시장 전략은 새로운 수요와 새로운 종류의 기대를 끊임없이 창출한다. 우리가 알고 있듯이, 일반 대중의 신뢰는 이미 상당히 흔들린 상태다. 특히, 단순히 질병을 앓는 기간에만 복용하는 것이 아니라, 소비자가 죽을 때까지 복용하도록 설계된 의약품과 관련된 예기치 못한 부작용에 대한 불안한 뉴스 보도들이 그러한 불신을 심화시키고 있다.

우리는 '사실'이라고 주장된 것들이 최고의 속도로 축적되고 있지만, 정작 누구도 '사실'이 의미하는 바가 무엇인지 더 이상 알지는 못하는 미래에 직면해 있다. 그것이 플렉적이든 쿤적이든 간에 말이다.

각 연구 분야의 상황이 어떻든 간에 저항 운동이 등장하기 시작한 것은 놀라운 일이 아니다. 2010년 베를린에서 발표된 '느린 과학 선언문(Slow Science Manifesto)'이라는 제목의 글은 다음과 같은 문단으로 끝난다.

> 느린 과학은 수백 년 동안 사실상 유일하게 상상할 수 있는 과학이었다. 오늘날 우리는 느린 과학이 부활할 가치가 있으며 보호할 필요가 있다고 주장한다. 사회는

과학자에게 그들이 필요로 하는 시간을 제공해야 하지만, 더 중요한 것은 과학자 스스로가 시간을 충분히 가져야 한다는 것이다.

우리에겐 정말로 생각할 시간이 필요하다. 소화할 시간이 필요하다. 서로를 오해할 시간도 필요하다. 특히 인문학과 자연과학 사이에서 소실된 대화를 촉진하려 할 때 더욱 그렇다. 우리는 과학이 무엇을 의미하는지, 무엇에 좋을지 계속해서 말해줄 수 없다. 왜냐하면 그저 우리도 아직 알지 못하기 때문이다. 과학에는 시간이 필요하다.

우리가 생각하는 동안 우리를 기다려 달라.[68]

이제 이 글은 꽤나 공감대를 얻었다. 아마도 쿤과 플렉 모두가 동의했을 것이다. 이는 확실히 모든 과학적 사고집단에게 지금 급박한 문제로 인식되고 있는 사안을 반영한다. 그러나 많은 과학자가 진보와 동일시하는 그 특정한 발전 방식에 의문을 갖는 이들의 우려에는 응답하지 않는다. 선언문의 저자들이 자신들에게 압력을 가하는 이가 누구인지, 자신들이 누구로부터 보호받아야 하는지를 명시하지 않은 채로 '사회'에 호소하고 있다는 점은 상당히 의미심장하다. 과학자들이 필요로 하는 시간을 보장받았던

---

[68] http://slow-science.org/slow-science-manifesto.pdf를 보라.

수백 년에 대한 언급도 있다. 사실 여기서 우리가 듣고 있는 것은 과학자들이 공익에 기여한다는 이유로 존경과 자율성을 모두 누리던 황금기를 그리워하는, 황금알을 낳던 거위의 탄식이다.

내 논점의 핵심은 느린 과학이라는 개념을 더 야심만만한 의제와 연결하는 데 있다. 이 의제는 19세기에 형성된 학문적 과학의 이상과 단절할 필요성을 고려하는 것이다. 이 연구 모델은 학문적 지식의 빠르고 누적적인 발전을 일반적인 수준 이상으로 장려하고, 이러한 발전의 속도를 늦출 수 있는 모든 질문을 무시하는 태도를 수반했다.

보통 학문적 지식에 대한 비판은 일반적이거나 학제적, 심지어 전체론적 사고 방식에 대한 호소로 이어진다. 그러나 이는 내가 취하는 입장이 아니다. '무시'의 반대는 '적극적으로 포함하기'가 아니라 '진지하게 받아들이기' 또는 '주의를 기울이기'다. 진지하게 받아들이거나 주의를 기울인다는 것은 과학 분야들이 산업과 배타적이고 준(準)공생적인 관계로 형성되어 온 방식에 의문을 제기하는 것이다. 이 지점에서 쿤과 플렉은 결정적 차이를 보인다. 앞서 언급했듯이, 플렉에게 있어 누군가 자신의 사고 양식의 특수성을 인식하고, 그것이 상황의 '별로 중요하지 않은' 측면들을 골라내고 버리는 방식에 주의를 기울이기는 어렵다. 그러나 이러한 어려움은 단지 경험적 사실일 뿐이다. 반면 쿤에게는 이 특수성을 무시하는 것이 퍼즐 풀이 과학자의 끈질긴 창의성을 위해 결정적으로 중요하다. 다시 말해, 쿤에게는 화학자 리비히(Liebig)가 시작한 것처럼[69] 거위와 같은 연구자의 상상력이 엄격하고 규범적으로 통제되도록 그들을 훈련시키는 것은 축적적이고 창의성이 풍부한 과학적 진보를 쓸데없이 구불구불한 경로로부터 보호하는 제도를 만드는 데 핵심적이다. 쿤이 옳다면, 지식경제에 대한 저항의 관점에서 느린 과학이 지닐 수 있는 유일한 의미는 '황금 시대로의 회귀'일 것이다.

그러나 마찬가지로 플렉이 규정한 내부자/외부자 대조에 대해서도 의문을 제기해야 한다. 학문적 과학과 산업 세계의 공생 관계는 이러한 대조에 부합하지 않는다. 산업 생산과 마케팅의 제약과 관심사에는 외부자적인 요소가 전혀 없다. 외부자적 지식(exoteric knowledge)[70]은 일반 대중의 영역으로, 과학적 결과의 '확고한 확실성'을 보장할 뿐만 아니라, 결국에는 과학이 공통의 관심사에 대해 합리적이고 신뢰할 수 있는 방식으로 해답을 제시할 것이라는 이미지를 보장한다.

이것이 바로 내가 폭로해야 한다고 주장하는 거짓말 혹은 허풍이다. 우리의 발전이 지속불가능한 특성을

---

69 이 책의 5장을 보라.
70 [옮긴이주] 사고집단 외부에서 만들어진 지식이라기보다는 외부자 집단과 소통을 위해 정제되고 공개된 지식을 말한다.

지닌다는 사실을 인식하는 순간 이를 지적해야 한다. 이러한 과학 및 산업 환경을 수정하기는커녕 간과한 결과, 우리의 미래마저 의심스러워졌다. 외부자적 지식이 선전해 온 합리성과 객관성은 이른바 이성에 근거한 진보가 고려하지 않는 문제에 항의하는 다른 사고집단의 목소리를 침묵시키는 도구가 되어 왔다. 또한 합리성과 객관성은 과학자들의 빈약한 상상력과 이 세계의 복잡한 난맥상에 대해 무관심하도록 과학자들을 육성해 온 방식을 정당화하는 데에도 이용되어 왔다. 이 무관심이 우리가 가진 유일한 세계를 향한 것인데도 말이다. 이상 기후에 대한 예상에서부터 오염, 신종 화합물의 독성 혼합물에 의한 생명체 중독, 그리고 기타 생태적 재난에 이르기까지, 세계의 혼란스러움은 이제 원한을 품고 우리에게 돌아오고 있다. '진보가 초래한 부수적인 피해는 진보가 복구할 것이다'라는 모토는 이제 모든 신뢰를 잃었다.

그러나 느린 과학은 과학자들이 세계의 복잡한 난맥상을 온전히 감안해야 한다고 말하지는 않는다. 오히려 과학자들이 자신들의 사고 양식이 지니는 특수성과 선택적인 성격에 대해 집단적으로 인식하고 이를 발전시키라는 도전을 직시해야 함을 의미한다. 그러나 이를 사고집단 내부에서 명석한 성찰성을 개발해야 한다는 요구와 혼동해서는 안 된다. 그것은 오히려 공통의 관심사가 걸린 문제를 둘러싸고 이의를 제기하는 목소리들과 조우하는 시험을 통해 이루어지는 집단적 학습의 문제이다. 이러한 수련 과정은 근대 집단에게 내가 '문명화-되기(becoming-civilised)'로 규정하는 것을 요구한다. 따라서 과학을 느리게 한다는 것은 과학자들을 문명화하는 것을 의미한다. 여기서 문명화란 특정 집단의 구성원들이 다른 집단의 구성원에게 모욕적이지 않은 방식으로, 즉 관계 형성을 가능하게 하는 방식으로 자신을 표현하는 능력을 갖추는 것이다.

상대방을 모욕하지 않고 관계를 맺기 위해서는, 상대방을 결여된 존재로 정의하는 속성을 자신이 지니고 있다고 주장하는 식의 표현을 피해야 한다. 예를 들어, 과학자가 자신의 실천을 객관적이고 합리적인 것으로 정의할 때, 그것이 상대방에겐 결여되어 과학자와 구분되는 특징임을 암시한다면 이는 모욕적인 표현이 된다. 마찬가지로 플렉이 과학을 사고의 변덕을 최소화하는 것을 목표로 한다고 규정할 때, 그는 위험한 위치에 서게 된다. 그가 즉시 덧붙여야 한 것은 변덕이라는 것이 보편적인 판단이 아니라 다른 집단에게 매우 중요한 문제가 되는 상황의 측면들을 지칭할 수도 있다는 점이다.

문명화된 방식으로 자신을 제시한다는 것은 자신의 특정한 관심사를 기반으로 자신을 드러내는 것을 의미한다. 즉 다른 사람들도 저마다의 관심사를 지니며, 세계를 중요하게 여기는 나름의 방식이 있음을 인정하는 것이다.

외부자적 지식의 문제에 있어 문명화된 과학자들은 자신의 연구 결과의 신뢰성이 특정 관심사는 물론 충분히 전문적인 지식과도 연결되어 있다는 점을 공개할 것이다. 또한 그들은 이러한 전문 지식이 요구하는 매우 독특한 조건은 실험실 밖에서는 중요할 수 있는 요소들을 무시하는 대가로 이루어진다는 것도 인정할 것이다. 과학자들은 자신들이 성취한 것이 연구실의 네트워크라는 본래의 고유한 환경을 벗어나 다른 사회적·자연적 환경에 개입할 때 그것이 특정한 신뢰성을 잃어버릴 수도 있다는 것을 인정할 것이다. 그리고 그들은 신뢰성을 회복한다는 것이 각각의 새로운 환경에 적합한 새로운 관계를 짜는 것을 의미함을 인식할 것이다. 이 새로운 관계는 새로운 반대 의견들, 즉 동료 연구자들의 반론뿐만 아니라 과학자들이 기존에는 관심을 두지 않았던 환경적 측면에 대해 우려하는 다른 집단의 반론에 대한 환영까지 수반한다.

다시 말해, 문명화된 과학자는 과학적 실천의 특수성에 충실하면서도, 신뢰성이 안정된 속성이 아니며, 연구 환경에서 탄생한 어떤 가능성이 '공적 가치를 인정받기' 위해서는 전문성의 근본적인 재분배가 필요하다고 주장할 것이다. 이러한 재분배는 요구되는 새로운 관계들을 창출함으로써 이루어지며, 이를 통해 주어진 상황에서 중요한 의미를 가지는 복잡하게 얽힌 어려운 질문들은 목소리를 얻게 될 것이다.

이러한 재분배는 외부자적 지식과 내부자적 지식의 대조라는 관점으로는 사고될 수 없다. 그보다는 정말로 중요한 것과 그렇지 않은 것을 선험적으로 구분 짓지 말고 사안에 연결된 다양한 관심사를 통해 상황을 이해하기를 요구한다. 이를 위해서는 연구 집단이 그동안 길러 오지 않은 종류의 상상력이 필요하다. 그동안 연구 집단은 전문 지식을 발전시키는 데 직접 기여하지 않는 것은 체계적으로 폄하해 왔으며, 자신들이 촉진하는 혁신으로부터 제기되는 관심사들을 진지하게 다룰 수 있도록 해주는 질문과 관심을 시간 낭비로 규정하고 배척했다.

이 때문에 느린 과학을 말하는 것은 연구 집단을 구성하는 다음의 모토에 정면으로 도전하는 것이 된다. **과학의 용어로 환원될 수 없는 한가한 질문으로 시간을 낭비하지 마라. 그런 질문에 시간을 할애하는 것은 너의 유일한 책무인 지식의 발전을 배반하는 것이다!** 빠른 과학을 옹호하고 동원하는 이 모토는 연구자들의 관심과 열의를 특정 방향으로 유도하고 상상력을 제한하는 비법이다. 이는 상황에 대한 합리적 접근이 과학적이거나 객관적으로 정의될 수 있는 차원만을 추출하고 나머지는 과학자의 관심사가 아닌 다른 방식으로 해결되도록 두어야 한다는 생각을 강요한다. 그리고 그것들은 정치적 혹은 윤리적 가치에 따라 결정되어야 할 문제이므로 과학자들의 관여 대상이 되어서는 **안 된다고** 덧붙인다. 그들은 어떻게 그리고 어떤 수단으로 그러한 결정을 내리는지에 대해서는 궁금해하지 않으며 이렇게 말한다. "사회가 결정할 것이다."

하지만 문명화된 과학자는 일반적인 교양을 갖춘 과학자가 아니다. 그들이 함양해야 하는 것은 가치에 근거한 결정을 내리는 능력이 아니라, 혁신의 결과에 대한 집단적 평가에 참여할 수 있는 역량이다. 사실 '저기 바깥(out there)'에서의 신뢰성은 과학적 사실이 아니라 과학 외적인 다른 집단들이 가져온 사실에도 의존하게 된다. 그 사실들은 동일한 가치를 공유하고 유사한 환경에서 일하는 유능한 동료 과학자들의 반론과 전혀 다른 종류의 반론에서 비롯될 수도 있다. 일반 교양은 학문적 훈련을 받지 않았음에도 이의를 제기할 권한이 있는 반론자들과 상호작용하는 데 있어서 별다른 도움이 되지 않는다. 예의 바른 특정한 학자들 사이에서 발전한 간학제적 교양도 마찬가지다. 최소한의 신뢰가 보장되는 경우에도, 심지어 최상의 신뢰가 있는 경우라 하더라도, 과정은 필연적으로 느리고 어렵고 마찰이 많으며 서로 다른 우선순위 사이에서 갈피를 잡기 어려울 것이다. '친애하는 동료들'로 구성된 깔끔하고 유능한 연구 공동체에 대한 향수를 품는다면, 결국 외부인은 참여할 수 없으며 그들은 협력자가 아니라 그저 성가신 골칫거리에 불과하다고 결론짓게 될 것이다.

따라서 느린 과학은 단순히 빠르고 동원된 과학에 대한 도전만을 표상하지 않는다. 그것은 또한 내기이기도 하다.

과학적 사고집단이 상이한 관심사를 지니는 다른 집단과의 새로운 공생 관계로 진입할 수 있는 역량을 지녔는가에 대한 내기인 것이다. '느린'이라는 용어 자체가 이 내기를 암시한다. 오늘날 느리다는 것은 효율성이라는 이름으로 전진하게 했던 것들로부터 벗어나고자 노력한 모든 사회운동을 지칭한다. 이러한 사회운동들은 효율성이라는 명목으로 수많은 관계들이 단절되거나 파괴되었으며, 그 자리를 모순된 이해관계 사이의 분열과 갈등이 대체하고 있음을 발견한다. 예컨대, 슬로푸드 운동은 생산자와 소비자의 이해관계가 반드시 충돌할 필요는 없다는 사실을 깨닫고 있다. 함께 생각하고 협상하는 과정은 상호 합의 가능한 새로운 거래를 열어줄 뿐만 아니라 그 자체로도 중요하고 보람된 일이 될 수 있다. 사람들은 특정 소비 패턴을 채택함으로써 자신이 진가를 인정한 생산자를 도울 수 있다는 사실을 깨닫게 된다. 그에 따라 생산자는 자신의 생산품을 소비하는 사람들에 대해 잘 알게 된다. 이러한 경험들은 음식에 새로운 의미를 부여한다.

나는 동원된 빠른 과학은 보람을 주지 못한다는 데에 내기를 걸겠다. 보람을 주는 것은 플렉이 강조한 것처럼 하나의 공동체를 형성하고 활성화하는 특별한 종류의 역동적인 상호작용이다. 이 때문에 느린 과학이 전문화된 과학을 반대하는 것이 아니라는 주장이 중요해진다. 느린 과학은 공통의 관심사로 결집된 과학자들에 반대하지 않는다. 내가 옹호하는 느린 과학은 오히려 이 전문화된 역동에 대한 신뢰를 표현한다. 전문화된 역동은 절단되고, 집중되고, 동원된 사고방식을 필요로 하지 않는다. 느린 과학은 또한 과학자들을 신뢰하는 것이기도 하다. 그들은 다른 역동에 참여하고 힘을 부여받은 집단들과 만남을 통해 배움으로써 보람을 찾을 것이다.

1929년 플렉이 자연과학에 대해 '민주적 실재를 형성하고 그 실재에 의해 연출되며, 따라서 그 실재에 의해 재형성되는 기예(art)'라고 했을 때,[71] 그는 아마도 어떤 초월적 권위로부터도 자유로운 '자연적' 실재를 염두에 두었을 것이다. 그러나 같은 글에서 그는 '민주적 사고방식'이 '장인, 뱃사람, 이발사, 가죽 세공업자와 안장 제작자, 정원사, 그리고 아마도 놀이에 몰두한 아이들 사이'에서 처음 발달했다고 기술했다. 그는 이어서 "진지하거나 재미있거나에 관계없이 여러 사람이 해당 작업에 참여할 때, 공통되건 상반되건 이해관계들이 반복적으로 만날 때, 이러한 독특한 민주적 사고방식은

---

[71] Ludwik Fleck, 'Zur Krise der "Wirklichkeit"('실재'의 위기에 대하여)', Johannes Fehr에서 인용, "…the art of shaping a democratic reality and being directed by it… (…민주적 실재를 형성하고 그것에 의해 연출되는 기예…)" —Philosophy of Science in Turbulent Times(격동기의 과학철학)', *Studies in East European Thought*, 64:1–2 (2012), pp. 81~9(here pp. 84~5).

필수적이었다"고 썼다.[72] '민주적 실재를 형성하고 그것에 의해 연출되는 기예'를 '민주적 사고 방식에 참여하고 그것으로부터 배우는 능력'으로 대체하면 내가 '문명화된 과학(civilised sciences)'이라고 부르는 것을 충분히 설명하는 공식이 된다.

---

[72] Fleck, 'Zur Krise(위기에 대하여)', Fehr에서 인용, "'…the art of shaping a democratic reality…(…민주적 실재를 형성하는 기예…)'", p. 85.

5장

'다른 과학은 가능하다!' 느린 과학을 위한 호소

몇 년 전까지만 해도 이른바 개발의 지속불가능성과 관련하여 미래 세대의 권리를 다루는 학술 논문들이 많았다. 하지만 이제 우리는 미래가 전속력으로 다가오고 있다는 사실을 깨닫고 있다. 지금 여기 있는 우리는, 아직 여기 없지만 이미 존재하는 이들에게 어떻게 대답할지 상상해야 하는 입장에 있다. 이번 세기에 태어난 아이들이 "당신들은 알아야 할 모든 것을 알고 있었잖아요. 그런데 무엇을 했습니까?"라고 물을 때 우리는 뭐라고 대답할 것인가? 오늘날 어른이라면 누구나 이러한 질문을 받는 상황을 상상할 수 있다. 그러나 나는, 우리가 학자라는 점에서 특별한 위치에 있다고 주장할 것이다.

실제로 학계 밖의 어떤 사람들은, 사고하고 상상하고 전망하고 제안하도록 선발되고 훈련되고 급여를 받는 우리 학자들이 직면한 미래와 관련하여 정말로 그런 일들을 하고 있다고 믿을 수도 있다. 또한 우리가 살아가고 있는 이 위협적인 세상을 더 잘 이해하려는 이상한 희망을 품고 대학에 입학하는 젊은이들도 있을 것이다.

우리는 이러한 신뢰를 받아들이고 그것이 우리에게 영향을 미칠 수 있는 힘을 갖도록 허용할 수 있을까? 아니면 과거에도 현재에도 우리가 생존을 위해 바로 따라야 하는 끊임없는 요구에 부응하느라 너무 바빴다는 슬픈 이야기로 답할 것인가?

여기서 나는 지식경제와 기업 세계의 경쟁적인 전쟁 게임에서 이익을 주는 지식을 생산해야 한다는 명령만을 말하는 것이 아니다. 특허를 산출하지 않는 학문 분야들조차도 이제는 벤치마크 평가라는 일반적 명령에 굴복했다. 그들은 맹목적인 경쟁이 지배하는 학문적 유사-시장의 판단을 받아들여야 한다.

간단히 말해서, 우리는 이의를 제기할 자유의 상당 부분을 포기하도록 성공적으로 강요당했다는 것을 인정해야 한다. 우리는 이제 학생들에게 전문적으로 인정받는 문제들에 특화된 고순위 학술지에 빠르게 출판될 수 있는 주제를 선택하라고 말해야 한다. 즉 보통 논문만 빨리 출판하는 동료들 외에는 아무도 관심 없는 문제들 말이다. 또한 살아남고 싶다면 그러한 출판물들이 강요하는 편협한 규범에 순응해야 한다고 말해야 한다.

그래서 첫 번째 요점은, 미래가 어떠하든 간에 연구기관들은 그 미래를 구성해내거나 전망할 준비가 되어 있지 않다는 것이다. 일부 사람들이 여전히 순진하게도 우리를 신뢰하고 그런 믿음에 우리가 부응하기를 바라지만 말이다.

그러나 우리는 또한 어디에서나 동일한 무력화 과정이 작동하고 있음을 알고 있다. 어디에서나 유사한 단절이 도입되어 사람들과 집단들에게서 그들이 전망하고 느끼고 생각하고 상상하는 역량을 분리한다. 어디에서나 동일한 공격이 시작되었는데, 이는 완고하고 은밀하고 사악하게 우리의 저항 능력을 마비시키는 일종의 주술이다.

이것이 저항의 결핍에 직면하여 내가 죄책감에 대해 말하지 않는 이유이다. 나는 질 들뢰즈가 '수치심의 느낌은 철학의 가장 강력한 동기 중 하나이다'라고 언급한 것을 기억하며 수치심에 대해 말하기를 좋아한다.[73] 그러한 동기는 철학을 훌쩍 넘어 이 수치심을 느낄 수 있는 우리 모두에게로 확장될 수 있을 것이다.

나는 우리가 직면한 종류의 미래가 윌리엄 제임스(William James)가 진정한 선택지(genuine option)라고 말한 것을 만들어낸다고 주장하고 싶다. 즉 그것이 제기하는 도전에 동의하거나 거부하는 것 외에는 설 곳이 없기 때문에 결국 피할 수 없는 선택지라는 것이다.

학계가 파괴되는 과정 그 자체는 그러한 선택지를 만들어내기에 충분하지 않다. 10년 전만 해도, 나는 학계라는 제도가 죽어 가고 있으며 그런 운명에 처하는 게 마땅하다고 인정할 수 있었다. 그러나 오늘날 학계의 파괴와

---

[73] Gilles Deleuze and Félix Guattari, *What is Philosophy?*, trans. Graham Burchell and Hugh Tomlinson, London: Verso, 2003, p. 108. 한국어판, 이정임·윤정임 옮김, 『철학이란 무엇인가』, 현대미학사, 1999.

무수히 많은 다른 파괴들로 인해 미래를 다루는 자원들이 체계적으로 근절되고, 절망과 냉소에서 벗어나 사유할 수 있는 능력이 체계적으로 차단되는 상황을 직시하게 되었다. 어떤 식으로든 파괴되고 있는 대부분의 것들은 학계와 마찬가지로 그 운명이 마땅하다고 묘사될 수 있지만, 그러한 묘사의 의미가 변해 왔다. 이제 그것은, 우리가 직면한 도전을 거부하는 하나의 방식이 되어버렸다.

나는 그 도전을 '야만(barbarism)'이라 부르고 싶은데, 이는 지금 벌어지는 일의 필연적 결과가 될 것이다.[74] 우리는 이미 이 야만의 맛을 알고 있다. 그것은 각종 권위들이 우리가 받아들여야 한다고 요구하는, '어렵지만 유감스럽게도 불가피한' 조치들 속에 담겨 있다. 어제는 상상도 할 수 없었던 결과들이 이제는 너무도 익숙해졌다. 그러한 결과들은 앞으로 더욱 늘어나고 심화될 것이다. 이것은 시작에 불과하다.

야만에 맞서야 할 필요성을 생각하고 느끼고 상상해야 함을 받아들이는 것은, 더 훌륭한 인물들이 나타나서 상황을 뒤집어줄 것이라는 생각을 거부하는 것을 의미한다. 오늘날 메시아적 관점은 유혹적이고 심지어 유행하고

---

[74] Isabelle Stengers, *In Catastrophic Times: Resisting the Coming Barbarism*(파국의 시대: 다가오는 야만에 저항하기), Open Humanities Press/Meson Press, 2015를 보라.

있지만, 위대한 외부자의 구원을 기다리는 것은 야만의 손에 놀아나는 것에 불과하며, 지금 우리에게 주어진 도전을 회피하는 것이다.

나는 '느린 과학(slow science)'을 우리 학자들에게 주어진 도전의 이름으로 삼아 개입하고자 한다. 이 이름에는 우리가 저항해야 할 함정 또한 포함되어 있다. 즉 이전 장에서 논의되었듯이 '느린 과학 선언문'에서 언급된 대로 '과거로 돌아가자'고 동의를 구하는 것이다. 그 선언문은 불특정 청중들에게 과학자들을 혼자 내버려두라고 요청하면서 끝맺는다. "우리는 과학이 무엇을 의미하는지, 무엇에 좋을지 계속해서 말해줄 수 없다. 왜냐하면 그저 우리도 아직 알지 못하기 때문이다. 과학에는 시간이 필요하다. **우리가 생각하는 동안 우리를 기다려 달라**"는 식이다.

합의에 저항하는 것은 항상 비웃음을 불러일으키지만, 나는 수학자이자 철학자인 알프레드 노스 화이트헤드(Alfred North Whitehead)가 1935년에 제시한 대학의 임무에 대한 정의를 감히 옹호함으로써 내 입장을 더욱 분명히 드러낼 것이다. 그가 말하길, 대학의 임무는 합리적 사고와 문명화된 인식[75] 방식이 그 문제에 영향을 미칠 수 있는 한에서 미래를

---

75 [옮긴이주] 화이트헤드의 appreciation 개념은 단순한 인식을 넘어, 사물이나 사건의 구체적인 상호작용과 발생적 맥락 속에서 그것들이 지니는 의미와 가치를 이해하는 과정을 의미한다. '인식'이라는 번역어가 이러한 의미를 완전히 담지는 못하지만, 본문

창조하는 것이다. 미래는 성취의 모든 가능성과 비극의 모든 가능성을 담을 만큼 거대하다.'[76]

대학에 그런 임무가 있었다는 생각 자체를 해체하는 것이 너무나 쉽기 때문에 우리가 비웃게 될 수 있다. 그러나 이것이 바로 윌리엄 제임스가 말한 진정한 선택지 개념의 의미이다. 앞서 말했듯이, 학문 공동체의 파괴 그 자체는 그러한 선택지를 만들어내기에 충분하지 않다. 그저 생각할 시간을 달라고 요청하는 학자들, 즉 자신들에게 압력을 가하는 이들을 지목하기보다는 '사회'를 향해 보호를 요청하는 학자들은 자신들에게 선택지가 있다고 전혀 느끼지 않는다. 그들은 그저 자신들과 자신들이 생산했던 소위 사심없는 지식이 존중받던 과거를 꿈꿀 뿐이다. '스스로 비웃음거리가 되는 것을 감수하는' 선택지는 우리 학자들로 하여금 다른 많은 이들과 마찬가지로 미래를 창조하는 데 있어서 우리의 소명이 있다는 사실을 받아들이도록 요구한다. 우리는 그런 역할을 맡을 자격이 없다고 변명하면서 그 부름을 회피할 수는 없다.

게다가 겉보기에 무해해 보이는 화이트헤드의 명제에서 내가 흥미롭게 여기는 점은, 그것이 미래를 지식의 진보나

에 제시된 화이트헤드의 인용문과 그에 대한 저자의 해설이 부족함을 채워줄 것이라고 기대한다.

76 A. N. Whitehead, *Modes of Thought*, New York: The Free Press, 1968, p. 171.

발전과 연관시키지 않고 오히려 급진적인 불확실성과 연관시킨다는 점이다. 우리는 우리의 미래가 어떻게 될지 알지 못하며, 그가 말하는 합리적 사고와 문명화된 인식 방식이 그 문제에 영향을 미칠 수 있을지 또는 어느 정도 영향을 미칠 수 있을지도 알지 못한다. 그러나 바로 그렇기 때문에, 그의 명제는 오늘날 그 어느 때보다도 중요하다.

우선 이미 1935년에 화이트헤드의 명제가 일종의 호소와 같았다는 점을 강조하고 싶다. 사실 그를 수학자에서 철학자로 변모시킨 것은 그가 19세기의 중요한 발견으로 규정했던 것, 즉 '특정한 사고 영역에 특화된 전문가들을 훈련시키고, 이들이 각자의 제한된 주제 안에서 점진적으로 지식의 총량을 늘리게 하는 전문가 양성 방법의 발견'이 지닌 효과에 대해 그가 느낀 깊은 불안감이다.[77]

처음부터 분명히 해 두자면, 여기서의 요점은 전문화나 추상화를 비판하려는 것이 아니라는 점이다. 화이트헤드는 수학자였고, 그에게 있어 '추상화 없이는 생각할 수 없다'는 것은 분명했다. 그는 과학들이 언제나 얽혀 있는 세상에서 각각에게 중요한 것을 추상화하는 방식을 결코 비판하지 않았을 것이다. 하지만 그에게 합리성은 추상화할 수 있는 능력이 아니며, 오히려 자신의 추상화에 대해 경계할 수 있는

---

[77] A. N. Whitehead, *Science and the Modern World*, New York: The Free Press, 1968, p. 196.

능력이자, 추상화에 맹목적으로 끌려가지 않는 능력이다. 우리가 기억해야 할 것은, 훌륭한 장인은 단지 도구를 사용하는 방법만 아는 것이 아니라, 자신에게 익숙한 특정 도구의 관점에서 상황을 바라보지 않는다는 점이다. 오히려 그는 주어진 상황에 대한 도구의 적합성을 판단할 것이다. 화이트헤드에게 사고의 실행도 마찬가지다. 추상화의 방식들에 대해 경계할 필요가 있다.

이러한 경계심이 바로 화이트헤드가 '틀에 박힌 사고방식을 가진' 사람들이라고 묘사하는 전문가들에게 부족한 것이다.

> 각 전문 분야는 진보하지만, 자기만의 틀 안에서의 진보일 뿐이다. … 그러한 틀은 영역을 가로지르는 것을 막고, 추상화는 더 이상 주위를 기울이지 않는 어떤 것으로부터 추상해낸다. … 물론 누구도 그저 수학자이거나 그저 변호사이기만 한 것은 아니다. 사람들은 직업이나 사업 외에도 삶을 살아간다. 그러나 문제는 진지한 사고가 하나의 틀 안에 제한된다는 점이다. 삶의 나머지 부분은 하나의 전문 분야에서 파생된 불완전한 사고 범주를 통해 피상적으로 다루어진다.[78]

---

[78] Whitehead, *Science and the Modern World*, p. 197. 한국어판, 오영환 옮김, 『과학과 근대세계』, 서광사, 2008.

그런 점에서, 고정된 의무를 지닌 고정된 사람들인 전문가들이 새삼스러운 존재는 아니다. 하지만 화이트헤드는 이렇게 이어 말한다. "과거에는 전문가들이 비진보적인 계급을 형성했다. 중요한 점은 이제 전문가주의(professionalism)가 진보와 결합하게 되었다는 점이다. 오늘날 세상은 멈출 수 없는 자기-진화적 시스템에 직면해 있다."[79] 파스칼 라미(Pascal Lamy)[80]가 한때 말했듯이, 우리는 시계를 멈출 수 없다.

화이트헤드는 전문가들의 전문화에 반대하지는 않지만, 그들을 "균형이 결여되어 있다"고 묘사한다. 전문가들의 훈련은 "새롭게 발생하는 가치들과의 총체적 상호작용 속에서 개별 사실들을 구체적으로 인식하는 습관을 강화하는 것"[81]에는 소홀하기 때문에, 특정한 유형의 추상화가 갖는 힘에 사로잡히기 쉽고 이는 특정한 가치를 증진시킨다. 나는 "균형이 결여되어 있다"는 표현을 상당히 좋아하는데, 이는 내가 '빠른 과학'의 발명 시기로 보는 19세기 동안에 과학자를 전문가로서 훈련하는 방법과 함께 등장한 '몽유병자'의 이미지와 잘 통하기 때문이다. 따라서

---

[79] Whitehead, *Science and the Modern World*, p. 205.
[80] [옮긴이주] 유럽연합 집행위원과 세계무역기구 사무총장을 지낸 인물로 지식경제와 글로벌 경쟁력 중심의 신자유주의적 정책을 옹호했다.
[81] Whitehead, *Science and the Modern World*, p. 198.

대학의 임무에 대한 화이트헤드의 호소 역시 과학을 '느리게 하기'를 목표로 했으며, 이는 추상화에 **복종하기**보다는 추상화와 함께 사고하기를 위한 필수적인 조건이다.

나는 이제 이러한 훈련 방식의 발명에 대해 다룰 텐데, 이는 오늘날 대학들에서 일반적인 모델이 되어버린 것이다. 이는 유스투스 폰 리비히(Justus von Liebig)가 화학자가 된다는 것이 무엇인지를 근본적으로 재정의한 사례에서 인상적으로 드러난다.

디드로(Diderot)와 달랑베르(d'Alembert)의 『백과전서(Encyclopaedia)』중 '화학' 항목에서, 화학자 가브리엘 프랑수아 베넬(Gabriel François Venel)은 화학을 '광인의' 열정으로 묘사했다. 그는 조향사부터 금속공, 약제사에 이르기까지 화학의 여러 기예와 기법에 관련된 미묘하고 복잡하고 종종 위험한 화학적 작업들에 대한 실질적인 지식과 능력을 습득하는 데에는 평생이 걸린다고 썼다. 반면에, 리비히의 실험실에서 학생들은 4년간의 집중적인 훈련을 받으면 박사학위를 취득했다. 하지만 이들은 이러한 수많은 전통적인 기예와 기법에 대해서는 아무것도 배우지 못했다. 대신, 정제되고 잘 식별된 반응물과 표준화된 실험 절차만을 사용했으며 최신 방법과 기술만을 배웠다. 리비히는 1824년부터 1851년까지 기센에 있는 실험실에서 수백 명의 학생을 훈련시켰기 때문에 '화학자 양성가(chemist breeder)'라는 별명을 얻었다. 많은 이들이 이와 유사한 대학 실험실을 세웠고, 또 다른 이들은 새로운 화학 산업이 창설되는 데 중요한 역할을 했다.

'빠른 화학(fast chemistry)'이라고 부를 수 있는 것을 리비히가 발명하면서 어떤 단절이 수반되었다. 이는 순수화학과 응용화학을 나눈 것이 아니라, 한쪽에는 화학적 기법들의 세계 전체를, 다른 한쪽에는 학문적 연구와 산업 화학의 새로운 연합을 두는 것이었다. 학문적 연구와 산업 화학은 서로를 필요로 하고 서로에게 자양분이 되는 새로운 공생 관계를 맺게 되었다.

그러나 공생이란 유지되어야 하는 균형이다. 산업 화학의 발전에 매우 중요한 역할을 한 리비히가 1863년이라는 이른 시기에 순수하고 자율적인 학문 연구의 필요성을 열렬히 옹호하게 되었다는 점은 인상적이다. 그는 그 유명한 '황금알을 낳는 거위' 비유와 함께 우리가 현재 '선형 모델(linear model)'이라고 부르는 개념의 창시자이다. 즉 산업계가 학문 연구로부터 거리를 두고 과학계가 스스로의 질문을 결정할 수 있는 자유를 보장하는 것이 산업계 자신에게도 최선의 이익이 된다는 것이다. 왜냐하면 오직 과학자만이 각 단계에서 어떤 질문이 유익할지, 어떤 질문이 빠른 누적적 발전으로 이어질지, 어떤 질문이 아무런 성과 없이 단순한 경험적 사실 수집으로 끝날지를 판단할 수 있기 때문이다. 산업계가 자기만의 질문을 설정하려 든다면, 이는 곧 거위를 죽이고 알을 잃는 것과 같다.

우리는 이와 같은 주장의 여러 변형을 들어 왔다. 이는 많은 과학자가 황금기와 연관 짓는 체제의 기조였다. 그 시기에는 과학이 산업 혁신으로 이어지는 참신함의 자유로운 원천으로 인식되었고, 결국 인류 전체에 혜택을 줄 것이라는 믿음이 있었다. 그러나 이 주장의 몇몇 측면은 좀처럼 깊이 다루어지지 않는다. 첫 번째 측면은 분할로, 사실상 계급적 분할이다. 보호된 학문 영역에서 일하는 과학자들과, 자신의 노동력을 산업계에 팔아 넘기면서 일반적으로 자율성과 공공 지식에 기여할 자유를 박탈당한 과학자들 사이의 분할이다. 두 번째 측면은 황금알을 품은 거위의 비유가, 훈련된 과학자가 현재 빠른 과학의 전문가로서 수행하는 역할의 중요한 특징을 숨긴다는 점이다.

공식적인 이야기는, 거위가 알을 낳고 그중 일부가 산업 발전의 관점에서 황금으로 변했다는 사실을 알고 기뻐한다는 것이다. 거위는 이것이 궁극적으로 인류에게 이익을 가져오기를 바라지만, 그 어떤 오용에 대해서도 책임이 있다고 여겨질 수 없다. 거위는 자신의 유일한 충성심이 오직 지식의 진보에 있으며 그래야만 한다고 주장한다. 따라서 화이트헤드가 말한 것처럼, 거위는 '[자신의] 전문 분야에서 파생된 불완전한 사고 범주를 통해 피상적으로' 나머지를 다루어도 된다고 여겨진다. 이는 학문적 과학의 '상아탑' 이미지에 해당하며, 과학적 창의성에 대한 또 다른 현대적 이미지, 즉 위험을 보지 못하기 때문에 두려움이나 현기증 없이 좁은 능선을 걷는 몽유병자의 이미지로 강화된다. 창의적인 과학자들에게 자신들의 작업이 가져올 결과에 대해 적극적으로 관심을 가지라고 요구하는 것은 몽유병자를 깨워서 세상이 그들의 범주에 따르지 않는다는 것을 자각하게 만드는 것과 같다. 의심에 사로잡힌 그들은 능선에서 떨어져 혼탁한 의견의 늪으로 빠질 것이다. 즉 그들은 과학에 있어서 잃어버린 존재가 될 것이다.

화이트헤드의 표현을 빌리자면, 본질적인 균형의 결여로서의 과학적 창의성의 이미지는 빠른 과학의 교육에 뿌리 깊게 자리 잡고 있다. 어떤 식으로든, 명시적으로든 아니든, 과학자들은 황금알이 실제로 영향을 미칠 더 넓은 세상과 관련된 질문들은 '비과학적'인 것으로 정의되어야 한다고 배운다. 심지어 그러한 질문들이 문화적, 사회적, 경제적 문제들을 다루는 다른 학과들에서 이루어지는 많은 과학적 연구의 대상이라고 하더라도 말이다. 우리가 살아가는 세상에 대한 관심은 '올바른 자질'을 가진 연구자라면 저항할 수 있어야 하는 일종의 유혹처럼 여겨진다.

빠른 과학은 단순히 속도의 문제가 아니라 속도를 늦추지 말고 시간을 낭비하지 말라는 명령이자, 그렇지 않으면…과 같은 식의 경고를 의미한다. 이 '그렇지 않으면(or else…)'이라는 표현은 추락의 가능성을 상기시킨다. 과학자가 자신의 삶 전체를 과학이라는 소명에 헌신하지 않으면 그 소명을 배신하게 된다는 고귀한 요구와 연관 지어 생각하기 쉽다. 그러나 이러한 헌신이 얻어지고 유지되는 방식, 즉 상상력을 억제하면서 주의력과 열의를 일정한 방향으로 유도하는 훈련에는 고귀함이 전혀 없다. 화이트헤드가 말했던 전문가들의 훈련은 오히려 동원된 군대가 진격하면서 만들어내는 일종의 마취 상태를 의미하는데, 여기서 명령은 될수록 빠르게 전진하는 것이다. 그러한 군대는 방황하거나 의문을 품지 않는다. 군대가 지나가는 풍경은 아무런 관심의 대상이 아니며, 단지 돌아가야 할 장애물일 뿐이다. 군대의 진격으로 인한 피해(작물 파괴, 재산 약탈, 여성 강간…)에 대해 불평하는 군인들은 확실히 올바른 자질을 갖추지 못한 것이다. 그런 것들로 인해 진격이 느려져서는 안 된다. 군인들은 자신의 작물, 재산, 아내에 대한 애착을 잊어야만 한다. 과학자들이 어떤 질문을 '비과학적'이라고 일축할 때에도 마찬가지다.

이러한 관점에서는, 예를 들어 GMO를 옹호하는 생물학자들은, 세계적 기아의 사회적, 경제적 원인을 조용히 무시한 채 굶주린 사람들에게 식량을 공급하는 문제에 대한 합리적인 해결책을 찾았다고 주장하면서 자신들이 상당히 정당하다고 느낄 수 있다. 그들은 자신들의 황금알이 가능하게 해준 진보의 방식 안에서 자신들을 늦추거나 가로막는 모든 것을 무시한 채 그저 자신이 진정한 과학자임을 보여줄 뿐이다.

그러나 이 마지막 예시만으로도 공식적인 이야기가 숨겨 온 것을 드러낼 수 있다. 황금알을 낳는 거위를 위한 상아탑은 애초에 존재하지 않았다. 연구 결과의 가치화, 즉 자신의 알을 황금으로 바꿀 수 있는 사람들과의 연결은 항상 학계 과학자들의 활동의 일부였다. 파스퇴르나 마리 퀴리처럼 그 이름이 사심 없는 연구와 연관된 경우조차도 말이다. 그 거위는 기업가적 전략가이기도 하다. 거위는 자신이 낳은 것으로부터 황금과 같은 결과를 이끌어낼 수 있는 사람들을 항상 주시하고 있다. 빠른 과학의 특징은 고립이 아니라, 선별된 일부와만 연결되는 매우 배타적인 환경에서의 작업이다. 즉 과학자들에게 중요한 동맹자들과, 어떠한 우려와 항의를 하든 결국은 황금의 혜택을 받는 최종 수혜자들이라는 점을 인정하면서 과학의 진보를 방해해서는 안 되는 사람들로 나뉜 환경에서 일하는 것이다.

리비히가 만들어지고 있는 화학(chemistry-in-the-making)과 화학적 기예 및 기법들 사이의 단절을 만들었을 때, 그는 그러한 기예와 기법이 내포하고 대응하는 사회적, 실용적 관심사로부터 화학을 단절시킨 것이기도 하다. 새로운 학계 화학자들에게 유일하고 진정한 대화 상대이자 그들의 언어를 이해하는 유일한 사람들은 이제 산업계에 종사하는 사람들로, 이들 역시 만들어지고 있었다. 그리고 이것은 여전히 오늘날의 빠른 과학의 훈련이 과학자들에게 제공하는 지적 장비에 해당한다. 과학자들은 어떤 상황을 객관적이거나 합리적인 차원과, 단순히 우연적이고 임의적인 복잡성의 문제로 쉽게 나눌 수 있게 된다. 그리고 빠른 과학의 범주에 부합하는 차원들은 자연스럽게 산업 발전에 적합한 것들이 되는데, 이는 양쪽 모두가 동일한 유형의 복잡성을 무시한다는 점에서 합치하기 때문이다. 여기에는 산업계의 이해관계를 직접 동원하는 것이 필요하지 않다. 단지 두 가지 추상화 방식 간의 이러한 공생적 관계만 있으면 된다.

하지만 오늘날 이마저도 빠른 과학의 옛 동맹들에게조차 더 이상 충분하지 않다. 지식경제는 이제 알을 낳는 거위가 보호받던 보금자리를 파괴하고 있다. 리비히와 그의 동료들이 확보했던 과학 연구의 상대적 자율성은 이제 과거의 일이 되었다. 어떤 이들은 학계의 빠른 과학과 산업계 사이의 밀접한 연결을 고려할 때 과학의 자율성은 애초에 존재하지 않았다고 주장하고 싶을지도 모른다. 나는 이에 동의하지 않는다. 대신, 지금 파괴되고 있는 것은 바로 과학적 신뢰성을 가능케 하는 '사회적 조직(social fabric)' 그 자체라고 주장하고 싶다. 앞으로 우리는 새롭고 정교한 도구가 가능하게 하는 속도로 사실들을 생산하는 과학자들을 어디에서나 보게 될지도 모른다. 하지만 그 사실들이 해석되는 방식은 대부분

기득권의 이해관계의 지형에 맞춰질 것이다.

현직 과학자라면 누구나 알다시피, 과학적 주장이 신뢰를 받는 이유는 과학자들이 객관적이기 때문이 아니라 그 주장이 그것의 신뢰성을 우려하는 유능한 동료들의 까다로운 반론에 노출되었기 때문이다. 그리고 이러한 공유된 우려는, 만약 그 동료들이 대부분 산업적 이해관계에 얽매여 있다면 파괴될 가능성이 크다. 즉 그들의 산업적 동반자를 끌어들이기 위해 세운 약속을 지켜야 할 필요성에 얽매여 있다면 말이다. 그렇다면, 모두가 함께 앉아 있는 가지는 아무도 자르지 않는다는 격언이 우세하게 될 것이다. 특정한 주장에 대한 반론이 해당 분야의 약속을 전반적으로 약화시키는 결과를 초래한다면 아무도 크게 이의를 제기하지 않을 것이다. 그렇게 되면 이견을 제시하는 목소리는 불필요한 문제를 야기한다는 이유로, 고려할 필요가 없는 소수의 의견으로 치부될 것이다. 그 뒤에 일어날 일에는 이미 이름이 붙어 있는데, 바로 '약속 경제(promise economy)'이다. 여기서 서로를 하나로 묶어주는 것은 더 이상 산업을 위해 황금으로 변할 수도 있는, 신뢰할 만한 과학적 결과가 아니라, 아무도 그것의 강도를 평가하는 데에 관심이 없는 희미한 가능성들이다. 다시 말해, '지식경제'라는 외양을 쓴 채, 투기 경제, 거품과 붕괴의 경제가 과학 지식 생산을 동원하는 데 성공한 것이다.

이것이 우리가 과학 연구의 자율성이 존중받던

황금기로의 회귀를 꿈꾸는 '느린 과학 선언문'에 공감할 수 있는 이유이다. 그러나 빠른 과학의 자율성이 과학적 주장의 신뢰성을 보호했을지는 몰라도, 발전 방식의 신뢰성을 보장하지는 못했다는 점을 기억해야 한다. 이러한 발전 방식이 근본적으로 지속불가능하다는 점을 이제 부끄럽지만 인정할 수밖에 없다. 이는 결코 우연이 아니다. 빠른 과학의 결과가 갖는 신뢰성은 정제되고 잘 통제된 실험실 실험과 관련이 있다. 그리고 유능한 반대는 **그러한 통제된 환경에 관해서만** 유능하다. 이는 과학적 신뢰성은 그것이 생산되는 조건에 위치지어져 얽매여 있음을 의미한다. 이는 또한 거위의 알이 원래의 환경을 떠나 황금으로 변할 때 그 특정한 신뢰성과 견고성도 떠나간다는 점을 의미한다. 그런 후의 신뢰성은 더 이상 과학적 판단의 문제가 아니라 사회적이고 정치적인 문제가 된다.

예를 들어, 비행기는 어떤 대가를 치르더라도 충돌을 피해야 한다는 합의가 존재하기 때문에 충분히 안전하다. 이와는 대조적으로, 우리의 발전 방식의 지속가능성에 대한 우려는 새로운 것이 아님에도 불구하고 최근까지도 합의된 바가 없는 문제였다. 이러한 문제를 제기한 사람들의 주장은 경청되기는커녕 우리를 동굴로 다시 보내려 한다며 공격과 조롱을 받았다! 물론 일부 혁신이 원치 않는 결과를 초래할 수 있다는 점이 겉으로는 인정되었지만, 기술과학적 진보가 반드시 그 피해를 해결할 방법을 찾아낼 것이라는 말이

덧붙여졌다. 그 점을 의심하는 것은 곧 진보를 의심하는 것이다! 그리고 우리가 알다시피, 그러한 의심은 불경스러운 것이다.

여기서 우리는 진지한 전문적 사고가 틀에 박혀 있고 삶의 나머지 부분은 피상적으로 다루어진다는 화이트헤드의 주장의 메아리를 들을 수 있다. 그리고 많은 과학자들이 내놓는 반응 또한 피상적이다. 그들은 지속가능성이 공적 관심사가 아니었던 것은 자신들의 잘못이 아니라고 주장하는데, 자신들이 만든 것을 '사회'가 어떻게 사용하는지를 그들이 책임질 수는 없다는 것이다. 이것은 전형적인 거위식 답변이다. 늘 그렇듯이, 이러한 답변은 학계 과학자들의 실상을 감춘다. 자신들의 생산물이 무책임하게 사용되었다는 주장에도 불구하고, 학계 과학자들은 과학적 진보를 사회적 진보와 연관 짓는 일을 결코 멈춘 적이 없다는 사실을 감춘다. '동굴로 돌아가자'는 식의 조롱에 가담한 사실도 감춘다. 자신들의 과학이 마침내 일반적인 관심사에 대한 합리적 해결책을 제시한다고 주장해 왔다는 사실도 감춘다. 자신들이 다룰 수 없는 구체적인 상황의 모든 측면이 마치 가치의 문제로 환원될 수 있는 것처럼, 과학과 가치의 단순한 대립 구도로 이의를 제기해 왔다는 점도 감춘다! 정중히 말하자면, 우리의 기억 속에는 이러한 기만에 빠진 동료 과학자를 공개적으로 규탄하는 과학자들의 집단적 항의가 없다.

그러나 단언컨대, 느린 과학은 거위가 전지전능한 지성이 되어 자신의 과학이 가능하게 만드는 혁신의 결과를 예견할 수 있게 되는 것을 의미하지 않는다. 오히려, 그것은 화이트헤드가 대학이 육성해야 한다고 본 것, 즉 합리적 사고와 문명화된 인식 방식에 대한 일견 소박한 정의와 일치한다. 합리적 사고란 실제로 무엇이 알려져 있는지를 적극적으로 명료하게 인식하고, 정제되거나 통제된 환경에서 답해질 수 있는 질문과 더 넓고 혼란스러운 환경에서 불가피하게 발생할 수 있는 질문을 혼동하지 않는 것을 의미한다. 문명화된 인식 방식은 잘 통제되고 깔끔한 것을 혼란을 초월한 진리와 동일시하지 않음을 뜻한다. 빠른 과학의 관점에서 혼란스럽게 보이는 것은, 우리의 공동 세계를 구성하는 과정, 실천, 경험, 인식과 가치화의 방법들 사이에서 일어나는 환원 불가능하고 항상 얽혀 있는 상호작용이다.

이것이 느린 과학이 응답해야 할 도전일지도 모른다. 과학자들로 하여금 혼란스러운 것은 결함이 아니라 우리가 그 안에서 살아가고 그와 함께 사고하는 법을 배워야 한다는 것을 받아들이게 함으로써 말이다. 빠른 과학과 산업의 공생은 이 세상의 혼란스러운 복잡성으로부터 추상화하는 단절의 전략과 단절된 지식에 특권을 부여해 왔다. 하지만 우리는 그러한 혼란을 무시하고 근절하기를 꿈꾸는 가운데 세상을 망쳐 왔음을 알게 되었다. 그래서 나는 느린 과학을 이렇게 규정하고자 한다. 과학자들이 흔히 혼란스럽다고 여기는 것, 즉 소위 객관적이고 일반적인 범주에서 벗어나는 것들을 다루고 그로부터 배우는 기예를 **되찾는** 까다로운 작업이라고 말이다.

미국의 활동가들이 사용하는 '되찾기(reclaiming)'라는 용어는 우리가 단절되어 온 것을 재전유하려는(reappropriate) 치유적 실천, 즉 그 단절이 파괴한 것을 회복하거나 재창조하려는 작업을 의미한다. 되찾기는 항상 우리가 죄책감이 아니라 병들어 있다는 점을 받아들이고, 우리의 환경이 우리를 어떻게 병들게 만드는지를 이해하는 것에서 시작한다. 이러한 관점에서, 한때 자율성을 자랑하던 우리의 대학들이 어떻게 시장의 이름 아래 경쟁과 벤치마킹 평가의 명령을 받아들이게 되었는지, 또 연구자들이 어떻게 별다른 저항 없이 지식경제가 재정의한 연구의 의미를 수용하게 되었는지 생각해볼 수 있다. 우리가 제시할 수 있는 모든 설명은, 한때 우리가 그렇게나 자랑스럽게 여겼던 것들의 깊은 취약성을 드러낸다. 즉 빠르고 단절된 과학을 과학 연구의 모델로 삼는 체제는 우리를 너무 병들게 만들어서 그것을 방어할 수조차 없는 것이다. 연구자들은 거위 역할을 수행하면서, 정복하고 파괴하고 맹목적으로 대상화하는 데에는 애초에 신뢰할 만한 지식이 필요하지 않았다는 사실을 외면해야 했다. 그러나 이제 그들은 경쟁이 신뢰할 만한 지식의 집단적 생산과 같은 성취에는 대체로 무관심하며, 그 대신 요구되는 것은 '유연성'임을 이해하게 되었다. 즉 자신이 생산하는 지식이 특허로 이어지고 이해관계자들을 만족시킨다면 그 지식은 충분히 괜찮다고 여기게 되는 것이다.

과학자들과 학자들이 자신들의 존재를 가능하게 하는 조건들을 방어하지 못한 것에 대한 이야기를 해야 한다면, 우리는 이들이 어떻게 그들을 근대적으로 만든 거짓말의 희생양이 되었는지를 설명해야 할 것이다. 그 거짓말은 그들로 하여금 일반적인 권위를 주장할 수 있게 해주었지만, 정작 그들의 실천이 지닌 특성을 배경으로 밀려나게 만들었다.

되찾기 작업은 결코 쉽지 않다. 만약 과학 연구를 되찾는다는 것이 과학을 혼란스러운 세상에 다시 뿌리내리게 한다는 것을 의미한다면, 그것은 이 세상을 있는 그대로 받아들이는 문제에 그치지 않는다. 이에 더해, 세상을 긍정적으로 인식하고, 화이트헤드의 말처럼 "새롭게 발생하는 가치들과의 총체적 상호작용 속에서 개별 사실들을 구체적으로 인식하는 습관"을 육성하고 강화하는 법을 배우는 문제이다.[82] 이것은 내가 이미 강조했듯이, 전문화와 추상화를 피하는 것을 의미하지 않는데, 이 둘은 분명히 고유한 가치를 지닌다. 그러나 구체적인 인식이란,

---

[82] Whitehead, *Science and the Modern World*, p. 246.

단지 우리의 추상화가 도출된 어떤 원본을 잔여물로 취급하지 않거나, 그것을 평가절하하지 않는 것에 그치지 않는다. 우리는 또한 화이트헤드가 새롭게 발생하는 가치들과의 상호작용이라고 부른 것에 우리의 추상화를 적극적으로 위치시키는 방법을 배울 필요가 있다. 되찾기는 결코 선의의 문제, 즉 실망스러운 개구리를 착하고 공손하고 건설적인 왕자로 바꾸는 평화의 입맞춤만으로 되는 것이 아니다. 개구리 자체에 관심을 갖기 위해서는, 즉 과학자를 포함한 모든 사람이 참여하고 있는 그 혼란스러운 상황에 관심을 갖기 위해서는, 배움이 필요하다.

여기서 우리는 다시 한번 빠른 과학의 모델하에 발전된 지식이 근본적으로 비대칭적이라는 점을 언급하게 된다. 우리는 물질적 기술과 소위 비물질적 기술을 개발하는 것에 대해서는 많이 알고 있지만, 사람들이 어떤 사안에 대해 의견이 갈리고 서로의 의견 불일치를 통해서 서로로부터 배워야 할 때 필요해지는 훨씬 오래된 기술들에 대해서는 전혀 능숙하지 못하다. 우리가 한때 알고 있었던 것, 다른 민족들이 '문명'이라고 부를 만한 것을 잃어버렸기 때문이다. 의사소통의 필수 요소가 되어버린 파워포인트 프레젠테이션이라는 기술, 그리고 그것이 자신의 주장을 인상적이고 권위 있고 도식화된 방식으로 제시할 수 있게 해준다는 점을 생각해보라. 다름 아닌 총알(bullets)에

담아서(이 단어를 곱씹어보라…).[83]

또한 우리 모두에게 너무나 익숙한 지루함을 떠올려보라. 소중한 동료가 한 시간을 말하는 동안 조용히 인내심을 가지고 반쯤 귀 기울이는 그 상황 말이다. 우리는 심리학, 사회심리학, 교육학 등의 학과를 가지고 있지만, 우리가 배운 것은 되찾기 작업에 참여한 활동가들이 권위를 내세우지 않고 협력하기 위해서 배워야 했던 것에 비하면 극히 일부에 불과하다. 그들은 실제로 각각의 회의를, 화이트헤드의 표현을 따라서 내가 새롭게 발생하는 가치들과의 상호작용에 의존하는 '개별 사실'이라고 부르는 것으로 간주하는 법을 배웠다. 각 회의의 가치들은 참여자들이 그들 회의의 핵심 사안에 중요해질 수 있는 힘을 부여하고, 그 자리에 있는 모두를 연결할 수 있는 힘을 부여하는 방법을 배웠을 때에만 생겨날 것이다.

이러한 개별 사실에 대한 지식을 생산하려면 의심할 여지없이 빠른 과학의 모델에 부합하지 않는 접근 방식이 필요하다. 가치가 발생하는 순간은 분리되어 일반적인 범주에 종속될 수 없다. 예를 들어, 누군가가 다른 사람의 관점을 이해함으로써 변화되었다고 느끼는 순간, 또는 참석자들이 함께 사고함으로써 변혁적 힘을

---

83 [옮긴이주] 파워포인트에서 요점을 나타내는 점 기호를 영어로 bullet point라고 한다.

발견하는 모임, 또는 지금까지는 하찮게 보였던 무언가가 실제로는 중요할 수 있음을 깨닫는 경험 같은 것들 말이다. 이러한 순간들은 그간 피상적으로 다루어졌는데, 재현가능성(reproducibility)의 명령에서 파생된 부적절한 범주들로 판단했기 때문이다. 이런 순간들은 지식에 부적합한 것으로 간주되거나, 더 나쁘게는 비이성적인 것으로 강등되어 주목할 가치가 없다고 여겨져 왔다. 그러나 이때 필요한 접근 방식은 단지 조금 다를 뿐이며, 우리가 배워야 할 것은 이것들을 정의하는 방법이 아니라 육성하는 방법일 수 있다. 우리는 무엇이 그것들을 지지하고 지속시키는지, 무엇이 그것들을 방해하거나 해치는지를 알아내야 한다. '합리화된' 산업 농업의 빠른 지식 대신에 정원사의 느린 지식과 같은 것을 얻기 위해서 말이다. 이런 측면에서, 오늘날 대학에서 생산되는 지식은 실제로 극단적으로 균형을 상실한 것이며, 우리 모두는 그에 대한 대가를 치르고 있다.

다시 말하지만, 되찾기는 무엇보다도 우리가 병들었기에 치유가 필요함을 인식하는 것을 의미한다. 느린 과학은 이미 완성된 해답을 제공하지 않으며, 약이 아니다. 그것은 회복으로 가는 여러 경로들이 함께 모일 수 있는 운동의 이름이다. 학계에 있는 우리로 말하자면, 느린 회의를 도입해보는 것은 어떨까? 형식적인 참여만이 아닌 방식으로 회의를 조직하는 것이다. 느린 대화는 어떨까? 정말 듣고 싶은 사람들을 초대할 뿐만 아니라, 미리 그들의 글을 읽고 토론함으로써 회의가 그저 준비된 강연과 진부한 질문 몇 개로 끝나는 의례에 그치지 않도록 하는 것이다. 동료들이 자신의 전문 분야를 벗어난 문제에 대해 말하거나 글을 쓸 때, 그렇게 할 수 있도록 해준 정보와 학습과 협력 관계를 제시하도록 요구하는 것은 어떨까? 공통의 관심사에 대한 전문성이 필요할 때, 공동-전문가가 참석하여 해당 문제와 관련된 다양한 차원들을 효과적으로 대변할 수 있도록 보장하는 것은 어떨까? 빠른 과학자의 관점에서 볼 때 이 모든 제안에는 공통된 결함이 있다. 모두 시간을 낭비한다는 것이다. 아니면 더 나쁘게는 '진정한 진보'와 산업적 혁신을 묶어 놓은 공생 관계를 깨뜨리는 일로 여겨질 것이다.

　　이것들은 단지 몇 가지 제안일 뿐이다. 그리고 나는 느린 과학에 대해 말하는 것보다 빠른 과학에 대해서 훨씬 더 많은 시간을 할애했다는 점을 인정해야겠다. 오늘날 '다른 과학이 가능하다'고 주장하는 사람들과 함께하며 철학자로서 나의 임무는 상상력을 작동시키는 것이다. 이는 단순히 지식경제라는 이름으로 오늘날의 연구 동원을 문제 삼는 것을 넘어서, 이전의 동원이 가져온 결과들까지 검토하는 것을 포함한다. 이 결과들이 우리의 상상력 자원에 미치는 강력한 영향력이야말로 도전받아야 한다.

　　나는 '자율성'이라고 불려 온 것을 직시하고, 그것이 일종의 독이 든 선물이었다고 주장했다. 그 독의 이름은 진보이며, 지식의 발전 그 자체를 목적으로 하는 동원이다. 그 결과는 놀랍도록 상반된 대조의 모습이다. 한편에서는 신뢰성을 가장 중요한 가치로 삼으며 동료들과 함께 상상력 넘치는 고된 협업이 이루어진다. 다른 한편에서는 그러한 동료들이 세계를 단지 합리적 진보를 위한 작업의 장으로 환원하면서 가볍고 오만한 방식으로 묵살하거나 무시하는 것이다.

동원에 도전하는 것은 과학 제도를 재고하고 재창조하는 것을 수반한다. 이는 사고하고 상상하고 연결하는 힘으로부터 과학자들을 단절시키는 것에 도전하는 것이자, 느리게 만드는 것은 진보를 지연시키는 것이라는 이유로 **반드시** 부차적인 것으로 규정하는 것에 도전하는 것이기도 하다. 그러나 나는 이제 이 문제를 또 다른 각도에서 접근하고자 한다. 이러한 재창조를 선점하자는 것은 아닌데, 이는 철학자인 내가 해야 할 임무가 아니기 때문이다. 대신 나는 또 다른 보완적 상상력을 작동시키고자 한다. 이는 황금알이 없는 학문 분야, 즉 인문학과 관련된 것이다.

사실, 나는 황금알을 낳는 과학자들에게 부족한 것은 바로 성찰성이며, 특히 인문학이 길러 온 비판적 성찰성이라는 말을 너무 자주 들어 왔다. 심지어 오늘날 인문학에 대한 지원이 현저히 부족한 이유가, 이러한 비판적 성찰성이 동원에 위협이 되므로 이를 억제해야 하기 때문이라는 말도 들었다. 하지만 내 주장은 이러한 성찰성이 해결책이라기보다는 오히려 문제의 일부로서 되찾아져야 할 수도 있다는 것이다. 성찰성이 그 자체를 '타자'에게 부족한 것으로 정의함으로써, 인문학이 자임하는 특권적 위치를 고수하는 한 그렇다. 즉 그들은 믿지만 우리는 더 잘 알고 있으며 새로운 이론적 전환이 등장할 때마다 우리는 점점 더 잘 알게 된다는 인문학의 입장이 문제인 것이다.

내 입장을 무비판적인 입장과 혼동해서는 안 된다.[84] 그러나 나는 비판적 성찰성과 의심 사이의 준-구성적 관계, 즉 폭로와 해체 자체가 하나의 성취로 여겨지는 것에 대해 깊이 좌절감을 느낀다. 이러한 관계는 나에게 일종의 동원으로 보인다. 타자들이 정말 중요하다고 말하는 것들로부터 일정한 거리를 유지해야 한다는 전제가 깔려 있다는 점에서 말이다.

앞서 인용했듯이, 화이트헤드는 대학의 임무를 **합리적 사고와 문명화된 인식 방식이 그 문제에 영향을 미칠 수 있는 한에서 미래를 창조하는 것**이라고 정의했다. 요약하자면, 비판적 성찰성은 자신의 개입이 실제로 어떻게 '문제에 영향을 미칠 수 있는가'라는 문제에 관여하는 것처럼 보이지

---

[84] 'Experimenting with Refrains: Subjectivity and the Challenge of Escaping Modern Dualism', *Subjectivity*, 22 (2008), pp. 38~59라는 논문에서, 나는 동일한 어원을 가진 두 용어인 비판(critique)과 구별(discrimination)의 차이를 제시했다.

않는다. 실제로, 그것은 종종 다른 사람들(예를 들어 살 만한 미래의 창조와 관련된 문제를 제기하는 사람들)로 하여금 한 개 이상의 이론적 전환에 뒤쳐져 있음을 인정하라고 강요하는 시도처럼 보인다. 반다나 시바(Vandana Shiva)가 생명의 특허화나 산업화에 반대하는 투쟁을 하는 것이 반-본질주의적 전환을 무시하는 것은 아닌가? 그럼에도 불구하고 나는 오늘날 기후변화라는 절박한 문제가 비판적 사상가들 사이에서 '인류세'라는 주제로 인기를 얻고 있다는 점을 주목해 왔다. 수많은 이론적 전환들이 경쟁적으로 구상되며 새로운 희생양을 사냥한다. 여기에는 우리 종을 '지질학적 힘'으로 다루는 이론적 도전을 무시했다는 이유로 '인간중심주의'와 연관되는 동료들도 포함된다. 아마도 이러한 비판적 사상가들은 많은 활동가들의 환경적, 정치적, 사회적 투쟁이 구제불능의 '인간중심주의'라고 생각할 것이다.

동원으로부터 합리적 사고를 되찾고 계몽이 필요하다고 여겨지는 타자와 자신을 구분 짓는 유혹(학문이 어떤 빛을 제공한다고 주장하든 간에)으로부터 문명화된 인식 방식을 되찾는 것만으로는 분명히 충분하지 않다. 우리는 또한 화이트헤드의 정의에 나오는 미지(the unkhown)를 되찾아야 한다. '[우리가 이렇게 되찾은 것이] 문제에 영향을 미칠 수 있는 한에서', 다시 말해 살 만한 미래를 만드는 것을 목표로 하는 다른 투쟁에 영향을 미칠 수 있는 한에서 되찾아야 하는 것이다. 나는 이것이 성찰성의 문제는 아니라고 주장하고 싶다. 이는 오히려 내가 '부분적인 연결들의 생태학(ecology of partial connection)'이라고 부르는 것을 요구한다. 이는 곧 타인으로부터 배우는 것, 배운 것으로 인해 변화되는 것, 그리고 그 변화의 경험에 대해 우리가 빚진 바를 인정하는 것을 요구한다. 그러한 경험이 우리에게 제기하는 문제화의 효과를 우리 자신의 방식으로 탐구할 때 말이다.

부분적인 연결들을 만든다는 것은 무엇보다도 위치지어져 있음을 받아들이는 것을 의미한다. 되찾기 작업은 활동가, 학자, 인도 농민, 페미니스트 등 누가 그것을 수행하든 간에 언제나 특정하고 부분적이다. 왜냐하면 그것은 언제나 위치지어진 것이기 때문인데, 우리가 굴욕을 겪은 그 지점, 다시 말해 사고하고 느끼고 상상하고 행동할 수 있는 우리의 힘으로부터 단절된 바로 그 지점에서 시작된다. 그리고 이것이 바로 참가자들이 서로를 필요로 하고 서로와 연결될 수 있으며, 더 나아가 서로의 경험으로부터 배우고 그로부터 새로운 결과를 도출하기 위해서 **어떻게** 연결될지를 배워야 하는 이유이다.

이런 점에서 들뢰즈와 가타리의 『천 개의 고원』을 인용하자면, 나는 되찾기 작업이 우리에게 '모범 사회(model society)가 아니라 전달자들(relayers)로 이루어진 이동하는 민족(ambulant people)'에 대해 말해준다고 말하고 싶다.[85] 윌리엄 제임스를 참고하자면 그들의 논리는 다중세계(pluriverse)을 만들어 가는 것이며, 마리오 블레이저(Mario Blaser)[86]의 용어로는 언제나 하나보다는 많고 다수보다는 적은 것을 엮어내는 것이라고 할 수 있다.

여기서의 시험은, 사상과 지식을 진리, 설명, 객관성의 측면에서 판단하는 것이 아니다. 그보다는 우리로 하여금 느끼고 사고하게 만드는 사상들이 현실에 무언가를 '더할' 수 있는 능력을 되찾을 수 있는지의 여부가 시험될 것이다. 전달(relaying)은 결코 '반영하는(reflecting on)' 것이 아니라 언제나 '더하는(adding to)' 것이며, 그렇게 함으로써 윌리엄 제임스가 만들어지고 있는 다중세계와 관련된 '위대한 질문'이라고 정의한 것과 소통하는 것이다. "우리가 더한 것을 포함하여 전달하는 것이 **가치를 높이는가 아니면 떨어뜨리는가? 우리가 더한 것은 가치가 있는가 아니면 없는가?**"[87]

이는 참으로 도전적인 질문이다. 해러웨이의 표현을

---

85 질 들뢰즈·펠릭스 가타리, 김재인 옮김, 『천 개의 고원』, 새물결, 2001, 274쪽. [옮긴이주] 한국어판에는 people을 민중으로 번역하고 있으나 이 책에서는 전체 문맥에 맞춰 민족 또는 사람들로 번역했다.

86 [옮긴이주] 토착 지식과 존재론적 정치에 주목해 과학적 보편주의에 도전하는 연구로 잘 알려진 과학기술학 및 인류학 연구자이다. 자연과 사회의 이분법을 넘어서기 위해 '다중세계(pluriverse)' 개념을 이론적 도구로 활용한다.

87 William James, *Pragmatism: A New Name for Some Old Ways of Thinking*, New York: Longman Green and Co., 1907, p. 98. 한국어판, 정해창 옮김, 『실용주의』, 아카넷, 2008.

빌리자면 그가 정의하는 '책임(responsibility)'에 동의할 것을 요구하고, 우리가 더하는 것이 세상에 변화를 가져온다는 것을 받아들이고, 그러한 변화의 방식에 응답할 수 있어야 한다는 것이다. 그렇게 하면서 우리가 어떻게 어떤 삶의 방식에는 운명을 걸고 다른 것에는 그러지 않을 수 있는가? 물론 이처럼 운명을 거는 것이 비판적 관심을 형성하는 것을 배제하는 것은 아니지만, 그 관심은 그에 관여된 사람들과 공유할 수 있는 것이어야 하고 그들이 투쟁하는 문제에 새로운 차원을 더할 수 있는 것이어야 한다. 그리고 그것은 일반적인 학문적 관심사를 앞세우며 거리두기를 통해서 학자로서의 권위를 얻는 것이 아니라, 우리가 그들로부터 무엇을 배웠는지를 드러내는 것이어야 한다.

전달은 하나의 예시일 뿐이다. 이를 넘어 나는 우리 학자들이 되찾기를 하려면 제임스의 질문을 통해 생각하는 방법을 집단적으로 배워야 한다고 확신한다. 즉 우리의 사상이 그것이 개입하는 (또는 약탈하는) 것에 무엇을 더하는지를 묻는 것이다. 우리가 오래된 특권을 지키기 위해 고군분투하기보다는, 다가오는 야만에 저항할 수 있는 상황들을 직조하는 과정에 가치 있는 무언가를 더할 수 있다는 가능성을 가지고 생각할 용기를 가져야 한다. 그리고 이것은 내가 제임스를 참고하여 진정한 선택이라고 부른 것, 즉 동의할 것인가 회피할 것인가라는 도전의 가장 까다로운 형태일 것이다. 나는 대학의 임무에 대한 화이트헤드의 정의가 비웃음의 대상이 된다고 말한 바 있다. 이제 우리는 우리 내면의 비웃음, 즉 '너 따위가 뭔데 그런 걸 하겠다고?'라고 속삭이는 작고 슬픈 목소리를 직면하고 느껴야 한다. 그리고 이는 너무나도 쉽게 비판적 성찰성의 어조를 띠는 목소리이다.

제임스의 질문은 하나의 시험이며, 이에 동의한다는 것은 어떤 이론도 답을 제시하거나 증명해줄 수 없으며 그런 것은 누구의 일도 아님을 인지하면서 질문을 진지하게 받아들이는 것을 의미한다. 그러나 더하기의 가치, 또는 더하기에 가치를 부여할 가능성조차도 맹목적인 믿음의 문제는 아니다. 중요한 것은 그 비판적 목소리를 '네, 우리는 할 수 있습니다!'라는 오바마식의 구호로 침묵시키는 것이 아니다. 그 시험에 동의한다는 것은 무엇보다도 이 지긋지긋한 양자택일, 즉 권위가 있다고 느끼는 것 또는 맹목적인 믿음에 의지하는 것이라는 두 대안에서 벗어나기 위해 우리가 얼마나 많이 배워야 하는지 측정하는 것을 의미한다.

이 점에서 활동가들이 우리에게 도움이 될 수 있다. 예를 들어, 나는 신이교주의 활동가들의 되찾기 활동과 그들이 '여신의 일'이라고 부르는 것을 하기 위해 실험하는 의례들을 떠올리게 된다. 또 우리는 퀘이커교도들의 의례도 생각해볼 수 있다. 퀘이커교도들은 그들의 신 앞에서 떨지 않았다. 오히려 특정한 상황에서 자신들에게 요구되는 것이 무엇인지를 드러낼 수 있는 경험의 목소리를 침묵시킬 위험 앞에서 떨었다. 즉 그들은 이미 정해진 믿음과 확신에 따라 상황을 판단해버릴 위험 앞에서 떨었다. 내게 있어 이 두 사례가 보여주는 핵심은, 우리가 비웃음거리로 삼기 쉬운 어떤 초자연적인 영감에 대한 믿음이 아니다. 중요한 것은 의례의 효능, 즉 미학적 효능이다. 이는 화이트헤드가 "새롭게 발생하는 가치들과의 총체적 상호작용 속에서 개별 사실들을 구체적으로 인식하는 것"이라고 부른 것을 증진시키는 것이자, 무엇이 가능해질지도 모른다는 후광과 함께 수반되는, 항상 구체적인 상황에 대한 인식인 것이다.

우리는 이 효능을 들뢰즈와 가타리가 말한 '배치(agencement, 영어로는 assemblage)'[88] 개념으로 이해할 수 있다. 그들에게 있어서 우리가 사고하고 느끼며 존재하는 방식은 바로 우리가 이 배치에 참여하고 있다는 것 자체라는 점을 상기하자면 그렇다. 되찾기를 하는 마녀들의 의례적인 주문인 '그는 그가 만지는 모든 것을 변화시키고, 그가 만지는 모든 것은 변한다'는 문구도, 행위성(agency)을 해체하여 귀속시키려는 시도에 저항하기 위해 만들어진 배치의 관점에서 해석될 수 있다. 그 변화는

---

[88] [옮긴이주] 들뢰즈와 가타리의 '배치'는 이질적인 구성요소 간의 관계와 효과에 의해 정의되는 유동적인 배열 또는 조립체를 의미한다.

'주체(agent)'로서의 신에 속하는가 아니면 그 손길로 변화된 사람에 속하는가? 그러나 이 구절이 지니는 첫 번째 효능은 바로 '그가 만진다'에 있다. 해체에 대한 저항은 개념적인 것이 아니다. 그것은 변화의 힘이 우리 자신에게 귀속되어서는 결코 안 되고 '자연적인' 것이나 '문화적인' 것으로 환원되어서도 안 된다는 것을 확언하는 경험의 일부이다. 그것은 변화를 하나의 창조로서 존중하는 경험의 일부다. 게다가 요점은 논평하는 데 있지 않다. 그 후렴구는 반드시 외쳐야 하는데, 이는 숭배라는 실천의 필수불가결한 부분이기 때문이다.

핵심은 배치를 이론화하는 것이 아니라, 우리 자신이 비판적 논평과 분석을 가능하게 하고 유도하는 학술적 배치의 일부임을 받아들이는 것이다. 윌리엄 제임스의 질문을 진지하게 받아들이는 것은, 우리가 그러한 배치의 보호 없이 살아가는 법을 배우고, 화이트헤드가 구체적 인식이라고 부른 것을 향해 우리를 이끄는 또 다른 배치를 만들라고 요구할 것이다. 도전의 한 방식으로, 우리는 이러한 배치의 효능에 대해 말할 때 되찾기를 수행하는 마녀들 스스로가 사용하는 용어인 마술을 감히 사용할 수도 있을 것이다.

하지만 우리는 마녀가 아니기에, 그들의 기법을 그대로 흉내 낼 필요는 없다. 그들이 탐구하는 것은 또 하나의 유행하는 학문적 전환점처럼 열정적으로 뛰어들

속도전이 아니다. 우리가 어떤 방식으로 변화를 존중하는 능력을 되찾으려고 하든, 그것은 반드시 학계 **내부의** 압력에 저항해야 한다. 즉 우리가 충분히 객관적이거나 비판적이지 않다고 반대할 우리의 소중한 동료들, 또는 '자료와 방법'(또는 문헌 검토!)부터 써야 한다며 그들의 규범을 존중하라는 학술지들의 압력 말이다. 따라서 우리 학자들이 우리의 실천을 가치 있는 것으로 되찾고 싶다면, 우리도 우리 나름대로의 방식으로 되찾는 활동가가 되어야 한다. 즉 게임의 규칙을 받아들이거나 게임에서 배제되는 등의 필요성 앞에 우리가 굴복할 때마다 확장되는 야만에 맞서기 위한 우리 나름대로의 방식을 발명해야 하는 것이다.

다시 말하지만, 우리는 감염되었고 감염을 퍼뜨릴 수도 있다는 것을 인식하는 것은 속죄해야 할 죄책감의 문제가 아니라 보호 수단을 만드는 방법을 배우는 문제이다. 우리는 마녀들이 그랬던 것처럼, 우리가 해야 할 일이나 직면해야 하는 구체적인 상황으로부터 우리를 분리시키지 않으면서도 불결하고 전염성이 강한 환경으로부터 우리를 보호하는 원을 그리는 방법을 배워야 한다. 그러면 우리의 실용적이고 경험적인 관심사는 우리가 신뢰하는 사람들과 함께 정보에 입각한 배신의 기술을 기르는 것을 요구할 것이다. 이 기술은 학문적 습관을 은밀하게 해체하고, 심문자들의 시선을 교란시키며, 우리가 사고하고 느끼고 상상하도록 만드는 모든 것을 존중하는 방식을 재생하는 기술이다.

내가 강조했듯이, 각각의 되찾기 작업은 고유하다. 즉 각각은 고유한 수단을 발명해야 하고, 고유한 틈새를 만들어야 하고, 스스로를 보호하면서도 다른 사람들로 하여금 저항이 가능하다고 느끼게 하는 고유한 방식을 만들어야 한다. 이런 것들이 바로 우리가 신뢰할 수 있는 동료들과 함께 만들어내야 할 것이며, 우리가 가르치거나 신뢰하는 학생들에게 전수해야 하는 것이다. 참고로 이것은 제2차 세계대전 당시 유럽의 지상 저항운동들이 배웠던 것이기도 하다. 적어도 이것은, 이 시대에 태어난 아이들이 '당신은 알고 있었으면서 무엇을 했습니까?'라고 물을 때 우리가 들려줄 수 있어야 할 종류의 이야기이다.

6장

코스모폴리틱스:
근대적 실천을 문명화하기

이 장의 제목은 꽤 매혹적이면서도 다소 신비로운 단어인 '코스모폴리틱스(cosmopolitics)'를 전면에 내세운다.[89] 그러나 다른 한 단어가 빠져 있다. 이 글이 처음 발표된 학회의 주최측이 **기시감**의 인상을 주거나 오해를 불러올 수 있다고 우려했기 때문이다.[90] 누락된 단어는 바로 가이아(Gaia)다. 나는 이 가이아로부터 논의를 시작하고자 한다. 왜냐하면 바로 이 가이아의 침입이 나를 지금 이 자리에 위치지었기 때문이다. 가이아는 내게, 두 번 거부당해도 이상하지 않을, 그리고 실제로 거부당하는 것이 정당할 수도 있는 하나의 가능성을 제기하게 한다. 그것은 '근대적 실천을 문명화하기'라는 아이디어(나는 이것을 이전 장들에서 '속도 늦추기'와 연관 지었다)로 근대적 실천 자체가 곧 문명화라고 믿는 사람들에게 거부당할

---

89 이 장의 초기 버전은 '코스모폴리틱스(Cosmopolitics): 과학들, 민족들, 자연들과 함께 생각하는 법을 배우기'라는 제목으로 2012년 3월 5일 캐나다 핼리팩스(Halifax)에 위치한 세인트메리대학교(St. Mary's University)에서 발표되었다.

90 같은 이유로, 2009년 불어로 처음 출판된 나의 책 『파국의 시대(In Catastrophic Times: Resisting the Coming Barbarism)』에 "가이아의 침입(The Instrusion of Gaia)"이라는 제목을 달지 못했다.

것이다. 이들은 미래에는 인류를 분열시키고 대립하게 만드는 초월성으로부터 인류 전체가 해방될 것이라 믿는다. 그러나 그 아이디어는 근대적 실천을 지배와 약탈의 도구와 동일시하는 사람들에 의해서도 동일하게 거부당할 것이다. 이들에게 가능한 문명화란 공허할 뿐만 아니라 의심스럽기 때문이다. 그들을 '개선 가능하다'고 가정하는 것이 곧 그들의 범죄를 '상대화'하는 것은 아닌가? 물론 나는 선택하기 어려운 이 두 가지 모순적인 입장을 조화시킬 수 있으리라 기대도 하지 않는다. 오히려 화해 불가능해 보이는 두 입장이 새롭게 재구성될 수 있는 공간을 마련하고자 한다. 이는 허황된 꿈처럼 들릴 수도 있다. 하지만 이 자리에서 페미니즘을 강력하게 만들어준 그 구호를 다시 울려 퍼지게 하려 한다. '세상은 정말로 **달라질 수 있다!**' 그리고 오늘날 이 외침은 우리가 서 있는 이 벼랑 끝에서 울려 퍼지고 있다. 가이아라는 이름을 붙이는 것은 오래전에 대체되어버린 과거, 다시 말해 '문명화'에 대한 논쟁이 아직 가능했던 시대와 관련하여 우리의 모순들이 다시 '조화를 이룰' 수 있을지도 모를 미래에 이름을 붙이는 것이다. 다가오고 있는 야만이 모든 것을 지배할 수도 있다.

그러니, 이 이름, 가이아에서 시작해보자. 가이아가 **기시감**의 인상을 불러일으킬 수 있다는 두려움이 존재한다면, 그것은 오히려 우리 시대의 역설을 잘 응축하는 이름일 수 있다. 그러나 우리가 이 이름에 어떤 의미를 부여하든, 그것은 사실상 진정으로 상상할 수 없는 것을 의미하는 '**미시감**(*jamais vu*)'의 감각과 연결되거나 그러한 감각으로 채색되어야 한다. 이는 실로 '불편한 진실', 다시 말해 그 급진적 새로움이 거듭 강조되어야만 하는 진실이다. 적어도 '민족들(peoples)'과의 '대분할(the great divide)'을 지지해 온 '우리(we)'에게는 더욱 그러하다. 우리는 한편에는 자신들의 믿음을 자연에 투영하는 방식으로 정의된 '민족들(peoples)'을 두고, 다른 한편에는 인류 전체를 마침내 통합하리라 운명 지어진 방식을 '이제 알게 된(now knows)' 익명의 주체로서의 '하나(one)'에 가까운 '우리(we)'를 배치해 왔다. 하지만 지구(the Earth)를 우리가 이용할 수 있는 자원의 총합으로 간주할 것인지, 아니면 보호할 대상으로 이해할 것인지를 이 '우리(we)'가 자유롭게 논할 수 있던 시대는 끝났다. 지금 '우리(we)'는 파괴적인 힘이 우리의 이야기 속으로 불쑥 침입해 들어오는 상황과 마주하고 있지만, 무슨 일이 일어나고 있는지를 실감하지도, 실현하지도 못한다.

그렇다면 **기시감**은 이 지식이 어떻게 배경으로 밀려나고 점차 지긋지긋해져서 마침내 '그래, 나도 알아'라는 반응으로 귀결되는지를 보여주는 것일지도 모른다. 지금 우리의 관심을 끄는 것은 훨씬 더 급박한 외침들이다. 그러나 가이아의 침입은 우리가 위기 이후를 상상할 수 있게 해주는 과도기적 시기라는 의미에서 위기는 아니다. 가이아는 우리 미래의 영구적인 일부가 될 것이며, 다음과 같은 질문을 우리에게 던진다. 과연 그 미래는 살아갈 가치가 있는가? 혹시 오해가 있을까 우려스럽다면, 그것은 분명 내가 과학자들이 자연 과정의 복잡한 집합체로 규명해 온 대상을, 마치 사람처럼 가이아라는 이름으로 부르고 있기 때문이다. 이 이름은 단순한 은유일 뿐인가? 아니면 나도 지구가 의식까지는 아니더라도 어떤 의도를 지닌 존재라고 '믿는' 사람들 중 하나인가?

그 어느 쪽도 아니다. 이름 짓기란 실용적 과정이며 그 진실은 그것이 만들어내는 효과에 달려 있다. 기후변화와 이 지구에서 살아가는 생명들을 중독시키고 있는 다른 모든 과정들은 발전(development)이라는 명명에 그들의 공통된 기원을 지니고 있으며, 이는 분명 물고기에서 사람들에 이르기까지 이곳에서 살고 있는 모두에게 관련된 문제다. 그러나 가이아라 명명하는 것은 '우리'를 위한 작업이며, '우리'가 더 이상 자신을 익명의 '하나'라고 여기지 않도록 일깨우는 시도다. 우리는 함께 모여 인간 근원의 역사적 장면을 구성하는 과정이라는 관점에서 '자연'을 정의했다는 것에 자부심을 느끼는 자들이다. 그러므로 우리는 가이아의 침입에 대한 책임을 부정할 수 없는 자들이다. 그리고 또 우리는 가이아의 영향을 이해하고 예상하는 방법을 만들어낸 자들이기도 하다. 이를테면 이는 새로운 유형의 분할이다. 하지만 책임이라는 단어의 의미를 전환시키기 때문에 첫 번째 분할과는 전혀 다른 것이다. 우리는 더 이상 향후 '알게' 될 위대한 '하나(One)'의 일원이 되는 방법을 다른 사람들에게 보여줄 책임을 맡지 않는다. 우리는 그들 앞에 책임을 지는 자로 서 있는 것이다.

제임스 러브록(James Lovelock)은 지금 이 순간 전 세계의 과학 관측 장비와 계산의 모든 힘을 통해 면밀히 조사되고 있는 이 존재를 규정하기 위해 가이아라는 이름을 선택했다. 비록 우리에게는 불행한 일이지만, 분명한 것은 러브록이 가이아가 마치 건강한 유기체처럼 자기 안정화의 특성을 타고났다고 제시했을 때 그가 틀렸을 수도 있다는 점이다. 이제 우리는 오래도록 당연하게 여겨온 것들을 유지해 온 가이아를 구성하는 수많은 과정들의 복잡하고 비선형적인 결합이 전 지구적으로 유발한 결과가 사실은 결코 안정적이지 않으며, 단지 잠깐 안정한 것처럼 보였을 뿐이라는 점을 너무도 잘 알고 있다. 또한 우리는 이러한 결합의 결과가 무자비한 변화를 일으킬 수 있다는 점도 잘 알고 있다. 하지만 과정들의 이러한 집합을 하나의 개별 존재로 다루는 법을 배워야 한다고 한 러브록의 제안은 옳았다. 섭동에 대한 대응 방식은 수정들의 단순한 합으로 환원될 수 없는 복잡하고 개별화된 과정적 일관성을 수반하기 때문이다. 이러한 방식으로 가이아는 우리가 당연하게 여겨 온 모든 것들을 위험에 빠뜨린 바로 우리 자신에게 의문을 제기하고 있다. 평균 기온이 4도 상승하는 재앙과 6도 상승하는 대재앙의 차이를 누가 예측할 수 있겠는가?

따라서 이 존재를 가이아로 명명하는 것은 단지 지구에 또 다른 이름을 붙이는 행위가 아니다. 가이아를 많은 이들이 돌보고 양육하는 대지로 혼동하거나 우리가 인정하고 존중해야 할 원초적 권리를 지닌 어머니로 혼동해서는 안 된다. 가이아는 이러한 다른 초상들을 부정하지 않으며, 그들과 대립하지도 않는다. 오히려 가이아는 그런 형상들을 '순수하게 문화적인' 신념의 영역으로 강등시켜 온 역사에 속한 우리와 특별히 관계된 또 하나의 형상을 추가하고 있다.

가이아라는 이름은 아주 오래된 신의 이름이기도 하다. 그리스 도시국가들의 의인화된 여신들과 신들보다도 훨씬 더 오래된 고대 그리스의 신이다. 가이아는 어머니의 형상을 하고 있었을지 모르지만 결코 다정하고 자애로운 어머니는 아니었다. 오히려 감히 거스를 수 없는, 경외심을 불러일으키는 존재였다. 그는 또한 놀라울 정도로 무심해서 자식들의 운명에 별다른 관심을 두지 않았다. 이 고대의 가이아는 오늘날 내가 '침입하는 자'라는 의미로 부르는 이름에 아주 잘 들어맞는다. 가이아의 침입은 정의의 구현도 형벌의 행위도 아니다. 가이아는 자신을 분노케 한 이들을 특정해 겨냥하지 않기 때문이다. 오히려 가이아는 지구상에 거주하는 모든 이들의 미래에 물음표를 던진다. 단, 수십억 년 동안 지속해 온 그의 유익한 공저자였던 무수히 많은 미생물군을 제외하고는 말이다. 가이아는 사랑이나 보호를 요구하는 다양하게 형상화된 지구가 아니라, 가시 돋친 강력한 존재로 자신에게 주의를 기울일 것을 요구하는, 그러한 지구의 형상이다.

나의 논의를 가이아에서 시작해야 했던 이유는 나의 접근법을 구성주의적이고 실용주의적이며 사변적인 세 관점이 분리되지 않는 방식으로 위치시키고자 했기 때문이다. 핵심은 과학자들이 판독하고자 하는 순전히 물질적인 과정의 복잡한 상호 결합에 신비의 기운을 더하지 않겠다는 것이다. 가이아는 무자비하고 의도가 없는 권능으로, 우리가 과정이라 부르는 것의 무모한 특징에 맹목적으로 응답하며, 그 자체로는 어떤 신비도 없다. 그를 명명하는 것은 오히려 지금 벌어지는 사건의 참신함에 이름을 붙이는 것이다. 이는 한때 인간 해방을 초월성의 부정과 동일시했던 사람들이 이제는 인정해야만 하는 새로운 종류의 초월성의 침입이다. 가이아는 침입하는 존재이자 더 이상 인내를 당연하게 기대할 수 없는 존재이며, 그렇기에 지구의 모든 사람들을 하나로 통합해야 할 존재도 아니다. 가이아는 근대사를 구성해 온 우화와 상투어 들에 구체적으로 의문을 던지는 존재다. 여기서 진정으로 중요한 미스터리는 단 하나뿐이다. 그것은 이 근대사에 속한 우리가 스스로 풀어놓은 결과들과 직면하면서 만들어낼 수 있을지 모를 해답이다.

우리의 시대는 혼란과 불안, 당혹의 시대다. 권력자들은 마치 미래가 스스로 알아서 해야 한다는 듯 그저 지속해 나가기로 선택한 듯 보인다. 하지만 그들이 선택을 하긴 한 걸까? 그들이 내놓은 유일한 대답은 우리가 경로를 벗어나지 않고 성장과 경쟁을 위한 싸움을 지속하며 '녹색' 자본주의와 함께 기술적 해결책이 가이아를 다룰 수 있다는 믿음인 것으로 보인다. 이에 대해서는 여기에서 길게 언급하지는 않을 것이다. 다만 내가 강조하고자 하는 것은 자본주의의 논리로 보면, 가이아의 침입은 진정으로 새롭고 흥미로운 가능성들을 제공하고 있으며, 이는 개발해야 할 다중적인 새로운 기회의 원천으로 여겨진다는 것이다. 그러나 나는 어떻게 이 기회주의적인 논리가 사회적·생태적 재난으로부터 실제로 우리를 구할 수 있으리라고 희망할 수 있는지 의아할 뿐이다. 그러한 희망은 오히려 절망으로 구동된다. 다른 방법은 불가능하다고 믿기 때문에 우리는 자본주의를 신뢰**할 수밖에** 없는 것이다.

하지만 그러한 맹목적인 희망은 매우 현실적인 유혹이다. 그것은 도전처럼 보이는 어떤 것도 마음에 그리지 못하는 상황에서, 우리가 일상을 살아가고 평소처럼 생각하게 해주기 때문이다. 행성적 차원에서 경로를 변경하는 일은 그 자체로 만만찮게 어려운 기획이지만, 오늘날처럼 모든 수준에서 경쟁이 만연하고, 만인에 대한 만인의 경제 전쟁이 일상화된 상황에서는 특히 그렇다.

이 때문에 '녹색 자본주의'를 믿지 않는 일부의 정부 관계자들은 우리가 결국 해법을 찾아낼 것이라 믿으며, 우리가 행동하도록 강제될 때까지 기다리는 게 낫다고 결론짓는다.

미래에 닥칠 대재앙이 지향점의 일반적 변화를 강제하고, 교육적이고 동원적인 효과를 발휘하겠지만, 이런 '기다림과 관망'에 대한 믿음이야말로 내게는 끔찍하게 잘못된 판단으로 보인다. 나는 오히려 동원의 시간이 도래했을 때 갑자기 어떤 꺼려지는 결과가 절대적으로 필요해 보인다는 이유로 우리가 그것에 복종해야 한다고 그들이 주장할까 두렵다. 전통적인 석유 생산이 감소했다는 이유로 정당화된 역청탄의 개발과 파쇄 추출의 확산은 생태적으로나 사회적으로 우리를 기다리고 있는 것의 온순한 징조에 불과하다.

보장의 부재

윌리엄 제임스가 종종 강조했듯이, 우리의 세계는 끝나지 않았으며, 이 세계에서의 행동은 확실성과 보장을 요구하는 태도로부터 분리되어야 한다.[91] 그러나 그가 강조하고자

---

91 William James, *The Will to Believe and Other Essays in*

했던 바는 우리가 어떤 행동을 하거나 하지 않거나, 우리가 싸우거나 포기하거나, 우리가 그에 동의한 방식이 미래를 만드는 과정의 일부라는 점이다. 가이아의 침입으로 우리는 진정으로 제임스가 제시한 선택지에 위치하게 되었다. 불확실하고 사실상 미덥지는 않지만 살 만한 가치가 있는 미래를 신뢰하는 것이 어리석어 보일 수 있다. 하지만 이 선택지를 피할 방법은 없다. 우리 각자에게 주어진 도전에 동의하거나 거부하는 것 외에 다른 선택지가 없기 때문이다.

싸우는 데에 동의한다는 제임스의 선택지는, 비록 그것이 거리 시위든, 혹은 합법적이거나 그렇게까지 합법적이지는 않은 다른 형태의 행동에 동참하는 것을 의미한다고 할지라도, 일반적인 행동 촉구에는 부합하지 않는다. 그것은 오히려 그 도전이 일반 시민으로서가 아니라 학자로서 우리에게 주어졌다고 스스로 느끼기를 요구한다. 우리와 우리가 훈련시킨 학생들이 미래를 창조하는 데 있어 기여할 수 있는 역할에 대해 적극적으로 관심을 갖고 있다고 믿는 사람들이 있을 수 있다. 우리가 이러한 신뢰를 경험할 때, 우리는 미래가 이미 시작되었다는 점을 더 강하게 느낄 수 있다. 우리 자신을 우리의 자녀나 그 후손들의 입장에 두는 대신에 우리 학생들이 다음의 질문을 우리에게 물었다면 오늘 해야 할 대답을 상상해볼 수 있다. '당신이

— *Popular Philosophy*, New York: Dover, 1956[1897].

아는 것을 가지고 무엇을 하고 있나요?' '그것이 당신의 관심사를 어떻게 변화시키고 있나요?'

그런 질문이 던져진다면 우리의 생각, 상상, 예상, 제안이 다른 곳에 동원되어야 한다고 대답해야 할지도 모른다. 우리는 가이아에 대해 아주 잘 알고 있을 수도 있지만, 미래가 우리에게 아주 작은 역할이라도 요구하지 않기를 바란다. 우리가 살아남기 위해 지금 따라야만 하는 무자비한 요구들을 만족시키기에도 너무 바쁘기 때문이다. 나는 여기서 지식경제와 기업 세계의 경쟁적인 전쟁 게임에 이익을 주는 지식 생산에 대한 명령에 대해서는 언급도 하지 않았다. 우리가 이미 알고 있듯이, 특허를 창출하지 않는 학문 분야조차 지금은 경쟁이 지배하는 학술 시장의 판단을 용인해야 하는 벤치마크 평가의 일반적 명령에 복종하고 있다. 요컨대 가이아의 침입이 우리에게 부과하는 질문이 무엇이건 간에, 오늘날 우리의 연구 기관들은 그 질문들을 형성하거나 심지어 마음에 그리는 데에 있어 능력이 매우 부족한 상태일지 모른다.

우리는 또한 이와 같은 무력화 과정이 전 세계적으로 진행되고 있음을 알고 있다. 모든 곳에서 유사한 절단이 증식하고 있다. 전망하고, 느끼고, 사고하고, 상상하는 우리의 능력이 잘려 나가고 있다. 만약 오늘날의 투쟁이 제임스가 말한 의미에서 우리 모두가 동의할 수 있는 투쟁이어야 한다면, 그것은 이러한 능력을 되찾기 위한 투쟁일 것이며, 심지어 그 능력을 되찾을 수 있으리라는 가능성을 마음에 그리는 능력 자체를 되찾기 위한 투쟁일 수 있다. 그러나 누구도 결코 일반적인 방식으로는 되찾지 못한다. 되찾기 작업은 각각의 실천이 모욕당하고, 실무자가 생각하고 상상하게 하는 힘으로부터 분리된 바로 그 절단의 최전선에서 시작된다. 나는 되찾기 작업들이 지니는 다원성을 믿으며, 그들이 서로 관계를 맺고 서로에게 배우며 연결될 수 있는 방식들을 신뢰한다.

이제 근대의 실천으로 돌아가보자. 나는 이 실천들을 근대적이라 부르고자 한다. 왜냐하면 그것들은 어떤 방식으로든 지식을 정복하고 타자를 문명화하는 임무의 관점에서 스스로를 정의했기 때문이다. 나는 일부 비판적인 학자들은 이러한 정복적이고 선교적인 사업을 더 이상 지지하지 않기 때문에 되찾기와 저항이라는 생각에 무관심할 수도 있다는 점을 알고 있다. 그러나 그 사업을 찬양했던 그 사상을 단지 거부하는 것만으로는 충분하지 않다. 우리가 순수하게 학문적이고 중요하지 않은 포스트모던의 놀이 속으로 후퇴한다면 남는 것은 아마도 아이러니와 당혹감, 죄책감뿐일 것이다.

가이아의 침입이 초래한 결과에 대응하는 능력을 되찾는 데에 우리의 실천이 기여해야 한다면, 나는 다음을 제안한다. 우리의 실천은 단지 진보와 정복이라는 순수하게 인간 중심적인 역사 관념을 포기하는 데 그쳐서는 안 된다는 것이다. 왜냐하면 이 인간 중심적 역사관이야말로 가이아의 침입이 도전장을 던지는 대상이기 때문이다. 우리의 실천은 그 자신과 문명이라는 개념에 대해 다른 긍정적인 정의를 되찾아야 한다. 그래야만 우리는 연관성을 회복하고 다른 민족들 및 자연들과 관계를 만들어내는 역량을 지닐 수 있게 될 것이다.

알다시피, 나는 내가 앞서 묘사한 것처럼 우리가 사실상 포기해버린 것을 어떻게 되찾을 것인지에 대한 질문조차 제대로 다루지 못하는 우리 학계의 상황조차 감당할 수 없다. 나는 철학자로서, 더 구체적으로는 유럽의 철학자로서, 북미에서 이미 대부분 파괴되어버린 방식으로 여전히 철학을 실천하면서 말하고 있다. 사유와 그로부터 파생되는 모험을 진지하게 받아들이면서 말이다. 나의 제안이 조소의 대상이 될 수도 있다는 것을 안다. 이는 어떤 특정한 되찾기 작업의 경우라도 마찬가지일 것이다. 그러나 나는 그것이 무의미하다고 생각하지는 않는데, 사유라는 것은 그 자체로 효력을 지니기 때문이다. 사유는 독이 되기도 하고 무언가를 활성화시키기도 하며, 가능성을 닫아버리기도 하고 열어주기도 한다.

철학적 사상들은 문명화를 위한 정복이라는 근대적 기획 속에서 아주 적극적인 역할을 했다. 철학은 특히 근대과학을 객관성, 합리성, 보편성을 지니는 일반적이고 해방적인 모델로 전환하는 데에 동원되었으며, 그렇게 함으로써 타자들의 존재 방식과 앎의 방식을 문화적 다양성의 문제로만 이해하는 것을 승인했다. 이러한 모델이 거짓이라고 느낀 것은 내가 물리학자들과 긴밀하게 접촉하면서 철학자가 되는 법을 배웠기 때문일지 모른다. 실제로 물리학자들은 일부 합의된 방식으로 지식을 진전시키는 데에는 전혀 참여하지 않으면서, 오히려 자신의 고유한 질문을 구성하고 그들 분야에서 생성된 문제들에 대한 답을 열정적으로 탐구하는 모험에 뛰어들었다.

이 때문에 나는 타자들과 연결되기에 기여할 수 있기를 바라며, 우리가 필요로 하는 되찾기 작업에 대한 나의 기여는 이중적 신뢰에 기반한다. 하나는 아이디어들의 모험에 대한 신뢰로 여기에서 중심이 되는 아이디어는 '정말로 **다를 수 있었다!**'는 문명이라는 관념이다. 다른 하나는 과학자들, 혹은 최소한 아주 특정한 선택적이고 요구가 많은 실천으로 과학을 수행하겠다고 약속하는 과학자들이 자신을 그런 방식으로 드러낼 수 있으리라는 신뢰이다. 다시 말해, 갈릴레이가 이른바 근대과학의 탄생으로 불리는 사건을 알린 이래, 그 기원에서부터 줄곧 작동해 온 거짓으로부터, 그들의 실천을 되찾을 수 있다는 믿음이다.

이 마지막 지점을 간략히 다루자면, 우리는 갈릴레이를 하나의 사건(event)이라 불릴 만한 것의 가능성을 발견한 인물로 인정할 수 있다. 인류 역사상 처음으로 무거운 물체의 마찰 없는 낙하라는 하나의 현상은 다른 다양한 해석들을 제치고 특정한 해석만을 승인하는, 신뢰할 수 있는 증인의 지위라는 힘을 획득했다. 그러나 갈릴레이는 선별적이고 매우 까다로워서 어떤 자유로운 일반화로도 환원될 수 없는 특징들을 전제하는 방식으로 자신이 성취한 것을 제시했다. 어떤 면에서 그는 최초의 '인식론자(epistemologist)'였다. 그는 관측 가능한 사실을 기반으로 타당한 지식을 생산하는 일반적인 방법을 시작하고 그것을 예시하는 데 있어 자신의 성취를 제시하기 위해 철학적 기원이라는 개념을 차용했다. 따라서 한편으로 갈릴레이는 가능한 실험적 성취를 열정적으로 사유하는 '동료들'을 하나로 묶는 집단적 모험을 시작한 창시자였다. 그 동료들은 신뢰할 만하다고 승인된 목격자가 반대에 맞설 때 설득력을 지니는지, 자신의 주장을 강력히 밀어붙일 수 있는지 검증해야 할 필요성을 공유한다. 왜냐하면 향후 자신들의 작업이 그러한 목격자와 그것이 열어주는 새로운 가능성에 좌우될 것이기 때문이다. 다른 한편으로 그는 과학의 보편적이고 일방적인 권위를 최초로 홍보한 인물이기도 하다. 이러한 과학의 권위는 세계를 정복하고, 무엇이 진짜 중요하고 무엇이 그저 환상에 불과한 신념인지를 규정한다. 그리하여 갈릴레이의 축복 속에, 관계 맺고 알고 느끼고 해석하는 다른 수많은 방식이 파괴되었다.[92]

---

[92] 이 주제에 관해서는 나의 책 『성모와 중성자』를 보라.

근대화의 힘은 최소한 실험적 성취가 열어준 가능성만큼이나 과학의 권위를 동원했다. 맹목적인 대상화는 결코 신뢰할 만한 지식을 필요로 하지 않았다. 그리고 오늘날 과학이 지식경제의 도구가 되었기 때문에 우리는 과학자들이 자신들을 근대적으로 만든 거짓말의 희생양이며 과학자들의 실천이 지닌 이상한 특수성을 가리고 있다고 말할 수도 있다. 실제로 이것은 갈릴레이가 시작한 이상한 실천이다. 그것은 현상의 매우 특정한 '등록(enrolment)'에 의존한다. 현상은 매우 특이하고 얽혀 있는 관계에서 우리가 '파트너'라고 부를 수 있는 역할을 받아들이도록 초대받는다. 실제로 현상은 질문에 답해야 할 뿐만 아니라, 무엇보다도 그 질문 자체의 연관성을 검증하는 방식으로 답해야만 한다.

우리는 다른 이야기를 꿈꿔볼 수 있을 뿐이다. 그 이야기에서 과학(Science)이라 불리는 것을 하나로 꿰는 실은 과학적 성취가 지닌 까다롭고 특유한 성질을 지녔을 것이다. 이는 과학자들이 다루는 대상에게 그들의 질문이 지닌 가치를 판가름할 결정적인 힘을 부여하는 상황을 만들어내려는 헌신이 중심이 되는 이야기이다. 권위나 객관성이 아닌 연관성이 중심이었다면, 과학은 정복이 아니라 모험을 의미했을 것이다. 실험적 성과가 요구하고 전제하는 바를 고려하면, 누구도 과학을 확장 가능한 모델로 생각하지 않았을 것이다. 도대체 누가 그런 실천을 확장할 수 있겠는가? 그 실천은 신뢰할 수 있는 증인으로 동원될 대상을 그 고유한 맥락에서 떼어내고, 그 대상이 대답해야 할 질문의 틀 안에서 다시 정의하도록 요구한다. 다시 말해, 그 잠재적 증인이 그 질문의 의미에 대해 본질적으로 부관심하다는 것을 전제로 삼는다. [만약 과학이 연관성의 게임이었다면] 일반적 객관성이라는 이상 대신, 긍정적이고 급진적이며 다원적인 과학들이 생성되었을 것이다. 이때의 과학 실천은 자신이 속한 영역에서 제기되는 연관성의 도전에 답하는 방식으로 이루어졌을 것이다.

철학자로서 나에겐 포스트모더니즘의 비판적 해체와 용해(dissolving) 작업의 차이를 명확히 하기 위해서 이러한 꿈, 그러한 반사실적 이야기가 절실하게 필요하다. 이때의 용해 작업이란 화학자가 산을 이용해서 융합된 혼합물을 화학적으로 활성화된 제품으로 녹이는 것과 같은 작업을 의미한다. 나는 이른바 이성, 객관성 혹은 지식의 진보라 불리는 것들이 감추고 있는 정복기계(conquering machine)를 드러내기 위해서 이를 해체하고자 하는 것이 아니다. 실제로 그러한 해체는 적법할 수는 있지만, 지식경제가 과학자들의 환상을 파괴하고 있을 뿐이라는 결론을 정당화할 수 있으며, 이는 과학자들의 분노와 좌절, 고조되는 냉소주의를 인정할 수 없게 하거나, 어떤 되찾기 작업에서도 잠재적 참여자로 그들을 부르는 것을 불가능하게 만들 수도 있다. 따라서 그것이 사실적으로 정당화되더라도, 해체는 실용적이고 사변적인 관점에서 실패하며, 그 효과의 관점에서 볼 때 더 황량하고 공허한 세상을 우리에게 남긴다.

다른 한편, 용해를 소외에 대항하는 투쟁, 즉 무고하고 모험적인 과학자들을 복종시키는 권력으로부터 자유롭게 해주는 것과 혼동해서는 안 된다. 과학자들은 결코 무고하지 않다. 그들은 자신들의 자율성을 보호하고 침입자에 저항할 수 있는 비대칭적 경계를 지속적으로 구축하는 데 능동적으로 참여해 왔다. 동시에 그들은 우리 세계를 재정의하는 데 관여하기 위해 자신들의 보호된 공간을 떠날 자유를 스스로에게 허용해 왔다. 하지만 도나 해러웨이가 강조했듯이, 근대적이든 소위 전통적이든 상관없이 무고하지 않음은 우리가 모두 공유하는 실천이다. 무고함과 죄책감의 문제는 판사에게 맡기자. 중요한 것은 오히려 과학적인 것과 비과학적인 것을 모두 포함하는 실천들 사이에서 연결된 방식의 함께함을 창조할 가능성, 그리고 연관된 방식으로 함께 사유할 수 있는 가능성이다.

그리고 비판적 해체와 지식경제는 모두 재앙적이었다. 첫 번째는 과학전쟁을 불러일으켰고, 분노한 과학자들이 공격받는 이성의 수호자로 결집하는 결과를 초래했다. 두 번째는 중요한 것과 그렇지 않은 것에 대한 자신들의 선택을 설명하지 못하는 과학자를 양산했다. 왜냐하면 그런 선택은 그들이 봉사하는 이익에 따라 정의될 것이기 때문이다. 다시 말하지만 나는 여기서 윌리엄 제임스의 실용주의를 따른다. 그는 관계 맺기에 원초적 중요성을 부여했고, 그가 다중세계라고 불렀을 것을 구성하는 일을 중시했으며, 관계 맺기 능력 그 자체를 문명과 동일시하기까지 했다.

이러한 능력은 시험대에 있다. 그것은 누군가가 자신을 표현하는 방식뿐 아니라, 실제로 자신에 대해 생각하는 방식에도 제약을 가한다. 마주 보는 엄지가 인간의 매우 중요한 특징일 수 있음에도, 우리는 타인에게 자신을 이러한 엄지를 가진 존재라고 표현하지 않는다. 그러나 과학자는 자신의 실천이 객관적이거나 합리적이라 생각하며 그러한 용어들로 자신을 표현하기도 한다. 이는 모욕적인 행동이다. 왜냐하면 그것은 과학이 다루는 대상에게는 이러한 독특한 특성이 결여되어 있음을 암시하기 때문이다. 그러나 문명을 관계 맺기 기술의 함양으로 이해한다면, 관계 맺기를 하버마스의 의사소통적 합리성(communicative rationality)과 같이 어떤 더 일반적인 것의 정상적 결과물로 환원시키는 모든 시도를 배제할 수 있다.[93] 관계 맺기는 단지 우리가

---

93 [옮긴이주] 독일 철학자 위르겐 하버마스(Jürgen Habermas)는 공론장에서 사람들이 의사소통을 통해 사회적 합의에 도달할 수 있다고 보며, 이를 의사소통적 합리성(communicative rationality) 개념으로 정식화했다. 이는 이해당사자들이 상호 이해를 목표로 자유롭고 평등하게 대화하는 과정에서 합리적 합의에 이르는 이상적 조건을 제시한다. 스탱게르스는 이러한 모델을 비판적으로 바라보며, 관계 맺기 자체를 더 일반적인 원리의 자연스러운 결과로 간주하는 모든 시도를 경계한다. 저자에게 의사소통

관계를 맺고 있다고 인식하는 것만으로 이루어지지 않는다. 그것은 성취해야 하는 것이다. 그것은 평화와 전쟁 사이의 망설임, 실패의 위험을 내포한다.

    그런 관점에서 과학자는 다시금 하나의 예시가 될 수 있다. 실험적 성취는 열정적인 인간 존재들이 그들이 하는 질문의 연관성을 증명해줄 것들과 관계 맺기라는 점에서 매우 특유한 사례다. 그러한 성취는 근본적으로 다른 행동 방식을 부여받은 이질적 존재들 사이를 연결하는 다리를 놓는 행위로 볼 수 있으며, 이 다리를 통해 양쪽 모두에게 새로운 행동과 열정의 가능성이 열린다. 이런 종류의 관계 맺기 실천을 중요하게 여기는 과학자들, 즉 소위 과학적 방법을 따르지 않는 과학자들은, 자신에게 주어진 질문이 강제로 답을 내놓아야만 하는 것일 때 그러한 관계 맺기 실천이 파괴될 것임을 너무나도 잘 알고 있다. 그들은 19세기 후반부터 이러한 가능성을 예견했으며, 비과학적 이해관계에 연구를 종속시키는 것은 황금알을 낳는 거위를 죽이는 일과 다름없다고 주장해 왔다. 거위는 홀로 남겨지기를 요한다. 거위는 자신의 알이 어떻게 사용되는지에 책임지지 않으며, 그저 자신의 관계 맺기, 즉 동료와 관계 맺기, 자신이나 동료들에게 중요한 것과 관계

— 은 위험과 망설임을 수반하며 실천을 통해 성취되어야 하는 관계의 기술이다.

맺기 자체를 존중해주기를 요구할 뿐이다.

물론 많은 과학자들이 산업계와 국가의 이익과의 관계 형성에 열정적으로 참여해 왔으며, 지금은 그 어느 때보다도 더욱 적극적으로 그렇게 하고 있다. 여기에서 황금알의 가치 창출은 문명화된 과학을 특징 짓는 관심(concern)의 형태보다 우선한다. 문명화된 과학은 자신의 신뢰성이 결과를 시험하고 반론을 제기하는 데에 관심을 보이는 유능한 동료들의 사회적 조직에 의존하고 있다는 점을 공개적으로 드러냈을 것이다. 이때의 결과 또한 사회적 조직에 따라 위치지어지는 것이다.

문명화된 과학자들은 자신이 낸 결과의 신뢰성과 반대하는 동료들의 역량 모두가 실험적으로 정제되고 잘 통제된 실험실 실험과 관련이 있다는 점을 가장 먼저 확인할 것이다. 이러한 실험들은 실험실 밖에서는 중요한 요소일 수 있는 것들을 무시하기를 요구한다. 따라서 그들은 자신들이 성취한 것은 무엇이든 연구실의 네트워크를 벗어나면 특유의 신뢰성을 잃을 수도 있다는 점을 인정할 것이다. 신뢰성을 회복하는 유일한 방법은 각각의 새로운 환경에 적합한 새로운 관계를 잣는 것이며, 동료들뿐만 아니라 이 새로운 환경이 적극적 관심사인 사람들이 보내는 새로운 반대도 받아들이는 것이다.

다시 말하지만 문명화된 과학에 대한 이 이야기는 하나의 꿈과 같은 특질을 지닌다. 연관성이 우리가 과학(Science)이라고 부르는 것의 통합적 실타래로 여겨졌던 꿈처럼. 거듭해서 말하지만, 그 꿈은 특정한 질문만을 고려하고 다른 질문들을 진보에 대한 주관적이고 비합리적인 저항이라 규정하고 무시할, 우리 자신의 역사가 만들어낸 아말감화된 혼합물을 녹이는 것이다. 이제 우리는 결과를 인정해야만 한다. 지식경제가 도래하기 전까지는 과학자들은 과학적 주장의 신뢰성을 잘 보호해 왔을지 모르겠지만, 그들은 이제 근본적으로 지속불가능하며 오늘날 더욱 지속불가능해지고 있는 발전 양상에 적극적으로 참여한 이들이었다.

내가 여기서 소개한 두 가지 꿈같은 이야기는 오늘날 '정치생태학'이라 불리는 것의 한 가지 목표인 되찾기의 열망을 위치짓기 위한 것이다. 정치생태학은, 이제 가이아의 침입을 야기하는 급진적인 지속불가능성에 대한 하나의 대응이다. 이 이야기들은 이러한 정치생태학의 세 가지 특징을 조명하면서 동시에 한계를 지적한다.

정치생태학

첫 번째 특징은, 정치생태학이 과학을 정치에 환원시키지 않으면서 '과학을 정치에 접목해야 할' 필요가 있다는 것이다. 이는 각 사안에 대해 충분히 발전시킬 수 있는 근본적으로 정치적인 질문을 필요로 한다. 누가 무엇에 대해 말할 수 있는가? 누가 무엇을 대변할 수 있으며, 무엇을 재현할 수 있고, 무엇의 이름으로 반대할 수 있는가? 근대의 실험 시연(demonstration)이라는 발명은 그 자체가 이 질문에 대한 하나의 특정한 답변으로 이해될 수 있다. 이는 실험 환경에서 우선시되는 신뢰성이라는 쟁점에 특화된 응답이다. 그것을 그렇게 되찾는 것, 즉 객관적이고 합리적인 지식의 일반적 모델로 탈취되는 것에 저항하는 것은 새로운 대변인을 요구하고 새로운 쟁점의 틀을 짜야 하는 각각의 새로운 환경에서 연속적인 정치적 질문이 요구된다는 것을 의미한다.

일례로 브뤼노 라투르가 자신의 『자연의 정치학(Politics of Nature)』에서 특징지은 것처럼,[94] 그러한 정치생태적 협상에 참여하기 위해 연구자는 그들이 알고 있는 것을 문명화된 방식으로 표현할 것을 요구받을 수 있다. 이때 문명화된 방식이란 자신이 답할 수 있는 정확한 질문에 관련된 지식을 공개적으로 위치시키는 방식을 말한다. 다시 말하자면, 연구자들은 그 지식이 종국에는 어떤 쟁점과 예견되는 해결책들이 만들어낼 수 있는 차이들을 함께

---

[94] Bruno Latour, *The Politics of Nature: How to Bring the Sciences into Democracy*, trans. Catherine Porter, Cambridge, MA: Harvard University Press, 2004[1999].

검토하는 집단적 평가 과정에 참여시키는 방식으로, 그 지식을 '정치적으로 활성화'해야 한다.

두 번째 특징은 명백하다. 정치생태학과 정치경제학, 더 정확하게는 내가 위에서 자본주의자의 논리라고 부른 것 사이에서 선택을 내려야만 한다. 나는 이 논리를 본질적으로 문명화될 수 없는 것으로 규정하고자 한다. 왜냐하면 이 논리가 관심을 갖는 것은 관계의 가능성이 아니라 착취의 기회이기 때문이다. 과학 연구를 직접적으로 통제하기에 앞서, 자본주의자의 논리가 과학 연구의 결과뿐만 아니라 일반적 객관성과 합리성에 대한 과학적 주장이 열어주는 기회들을 완전히 착취했다고 말할 수도 있다. 과학자들은 합리성이 승인한 발전의 무고한 행위자라는 생산적인 거위가 될 가능성을 떠안았다.

한계점에 도달하기 전에, 세 번째이자 그에 상응하는 특징은 지식경제에 대한 저항뿐만 아니라(이는 이미 명백하다), 근대의 학술 환경에서 과학자들이 받는 훈련에 대해서도 저항할 필요가 있다는 것이다. 오늘날 학계는 과학적으로 정의된 질문과 정치적이거나 혹은 오히려 (정치의 자리를 대체한) '윤리적' 질문들 사이의 첨예한 대립에 의해 지배되고 있다. 선의의 표현과 윤리적 문제에 대한 말뿐인 복종으로는 쟁점에 관심을 표하는 모든 이들의 반대 의견을 경청할 역량을 지니고, 동료 과학자들의 반대만큼 과학자가 아닌 이들의 반대도 존중하는 과학자를 결코 길러내지 못한다. 이는 과학자가 제너럴리스트가 되어야 한다는 뜻이 아니다. 반대로 과학자는 자신의 지식이 극도로 특수하고 까다로운 특성을 지니며, 그 신뢰성 또한 무엇을 중요하게 여기고 무엇을 배제할 수 있는가라는 분배의 문제에 달려 있다는 사실을 능동적이고 확실하게 인식할 수 있는 능력을 길러야 한다는 뜻이다. 이러한 새로운 관계 맺기 역량의 조건이 되는 구체적인 인식을 습득하고 유지하는 데는 시간이 걸린다. 이 점이야말로 진정한 도전일 수 있다. 근대 연구 기관에서 교육받은 과학자들에게 동원의 속도를 줄이라고 요구하는 것은 그것이 무엇이든 과학들의 유일한 진정한 임무인 지식의 진보로부터 멀어지게 하고 일탈로 이어지게 한다. 따라서 우리에게는 슬로푸드 운동의 제안과 같은 급진적 전환이 필요하다.

이제 나는 한계에 도달했다. 동시에 내가 코스모폴리틱스라 부르는 것에 도달했다. 코스모폴리틱스는 내게 뜻밖의 방식으로 다가왔는데, 정치생태학 자체가 문명화되어야 한다는 점을 새삼스럽게 깨달았기 때문이다. 나는 하나의 쟁점을 중심으로 모인 참여자들이 모두 함께 사유할 수 있는 힘을 얻기 위해, 그들에게 무엇을 요구해야 하는지를 정식화하는 작업을 하고 있었다. 내가 도달한 결론은 모든 참여자가 각자에게 중요한 것이 무엇인지 혹은 자신이 대변하고 있는 것이 무엇인지를 그 공동 사유 과정을 통해 형성된 관계 안에서 결정된다는 점을 받아들여야만 한다는 것이었다. 그러나 나는 내가 정식화하고 있던 것이 내가 속한 전통이 정의해 온 정치적 과정의 조건들, 즉 초월성을 인정하지 않는 하나의 과정이었다는 점도 깨달았다.[95]

정치를 문명화하기

가이아의 침입은 지구상의 모든 자연과 모든 사람들에게 위험이다. 하지만 또한 모든 사람들이 같은 배에 타고 있으며, 서로가 알고 있는 것을 '정치적으로 활성화'하고 정치적 재개입으로 이어지게 하는 방식으로 제시하는 데 동의해야만 한다는 점을 인정하라는 잔인한 요구를 정당화하기도 한다. 내가 코스모폴리틱스라 부르는 것은 이러한 어려움의 해법이 아니라, 오히려 그 어려움을 가리키는 이름이며, 망설임을 정치에 도입함으로써 정치를 더 복잡하게 만드는 모임의 방식을 발명하기를 촉구하는 이름이다. 도나 해러웨이는 이를 '트러블과 함께하기'라는, 사유를 촉발하는 모토로 바꾸었다.[96]

---

95 Isabelle Stengers, 'The Curse of Tolerance'(1997), in *Cosmopolitics II*, trans. Robert Bononno, Minneapolis: University of Minnesota Press, 2011를 보라.

96 Donna J. Haraway, *Staying with the Trouble: Making Kin in the Chthulucene*, Durham, NC: Duke University Press, 2016. 한

코스모폴리틱스는 정치생태학이 최종적으로 옳은 해답이라 밀어붙이면서 지구의 모든 사람들이 이 결론에 동의해야 하고 그렇지 않은 이들을 광신도이거나 비이성적이라며 배제하려는 유혹에 저항하는 것이다. 정치, 심지어 정치생태학도 그 자체를 문명화된 방식으로 생각해야 한다. 그러므로 코스모폴리틱스에는 어떤 프로그램도 없다. 이는 '우리는 모여서 의논하고 있는 쟁점에 대한 당신의 반대, 제안, 기여에 대해 들을 준비가 이미 되어 있다'고 말하며, 관심을 표한 모든 집단에게 발언권을 주는 것만으로 충분하다고 생각할 수도 있는 모임에서 두려움의 일시적 떨림을 활성화시키는 것과 더 관련이 있다. 나는 정치를 발명한 세계의 딸이며, 정치생태학은 나를 이 세계에 속한 존재로 위치시킨다. 코스모폴리틱스는 여전히 이 특정한 세계에 속하지만, 어떤 형식들은 다른 세계의 바로 그 구조를 공격할 수 있음을 인식하며 정치적으로 형식화해야 할 쟁점을 두 배로 늘린다.

코스모폴리틱스는 정치적 장면이 다음의 방식으로 착상되기를 요구한다. 이 세상에 속해 있는 사람들과 자신이 속한 것의 의미를 정치적 과정이 결정할 것이라는 사실을 받아들이기를 거부하기 때문에 다른 방식으로는 그 목소리가 들리지 않을 위험이 있는 사람들의 '존재 안에서'

― 국어판, 최유미 옮김, 『트러블과 함께하기』, 마농지, 2021.

집단적 사고를 진행하는 방식으로 말이다. 그들은 이 과정에 기여하기는커녕 긴급한 합의를 방해한다는 이유로 실격 처리될 수 있다. 따라서 코스모폴리틱스가 암시하듯 우주(cosmos)는 '속도를 늦추는' 방식으로, 그리고 모든 관련자가 받아들여야 할 단 하나의 올바른 입장에 도달해야 한다는 생각에 저항하는 방식으로 개입한다.

우리는 여기서 우주가 조율자(equalizer)처럼 행위한다고 말할 수 있다. 우주는 합의 형성에 동원된 정치적 목소리를 느리게 만들고, 모든 이해 당사자가 정치적 목소리를 가졌을지 모른다거나, 가질 수 있다거나, 갖길 원하는 것은 아니라는 감각을 그들에게 불어넣는다. 따라서 조율(equalization)은 모두가 쟁점에 대해 동일하고 동등한 발언권을 지닐 것을 요구하는 정치적 등가물과는 구분된다. 오히려 모든 이해 당사자들이 결정을 구체화하는 방식으로 참여하기를 요구한다. 이는 결정을 가능한 어렵게 만들며, 어떤 지름길이나 과도한 단순화도 배제하며, 중요한 것과 그렇지 않은 것에 대해 어떠한 **선험적** 구분도 허용하지 않는 참여 방식이다.

그러므로 코스모폴리틱스의 우주는 특정한 전통이 품은 특정한 우주나 세계와도 구별되어야 하며, 그 모든 것을 초월하는 무언가와도 구분되어야만 한다. 우주의 대표자는 존재하지 않으며, 그 이름을 말하는 이도 없고, 그것은 특별한 관심의 대상이 되지도 않는다. 그것의 존재 양식은 오히려 발명되어야 할 인위적인 연출에 반영되며, 그 효과는 내려진 결정들이 초래하는 결과를 최대한으로 드러내는 데 있다.

나는 이러한 인위적인 연출의 첫 번째 측면으로 전문가와 외교관의 형상을 적극적으로 구분할 것을 제안한다. 내가 말하는 전문가란 정치적 절차의 제약을 받아들일 수 있는 자리에서 목소리를 내는 사람, 즉 어떤 결정을 내리든 그 결정에 어떤 방식으로 기여하든, 이러한 결정에 의해 실존적으로 위협받지 않을 집단을 대표하면서 관련된 결정에 기여하도록 부름받은 이들이다. 전문가의 역할은 전문가 자신을 제시하고, 지식이 어떻게 고려되어야 하는지를 선결하지 않는 방식으로 자신이 아는 것을 보여주길 요구한다. 이와 대조적으로 외교관은 결정으로 말미암아 실천, 존재 양식, 세계, 혹은 정체성의 위협을 받을 수 있는 사람들에게 목소리를 제공하기 위해 존재한다. '만약 당신들이 그렇게 결정하면 우리는 파괴된다'는 것이다. 따라서 외교관의 역할은 무엇보다 전문가들로 하여금 구상한 일련의 행동이 사실상 전쟁 행위로 간주될 가능성에 대해서 생각하도록 강제하는 것이다.

외교관과 전문가의 배분이 본질주의적 배분이 아니라는 점을 강조하는 것이 중요하다. 이는 사안에 따라 다르다. 즉 사안의 공식화와 관련하여 각 관련 집단의 입장을 반영한다. 과학자들조차 외교관을 필요로 할 수 있다. 지식경제가 실제 과학자들의 세계 또한 파괴할 수 있기 때문이다.

그러나 이러한 역할 배분만으로는 상당히 불충분할지도 모른다. 외교관은 전쟁의 가능성과 관련되어 있으며, 그들의 역할이 수반하는 것은 외교관이 제안을 가지고 돌아왔을 때, 그들이 대표하는 것이 그에 대해 어떤 형태로든 협의 과정을 조직하고 합의와 저항 (혹은 전쟁) 중에 결정할 수 있다는 점이다. 어떤 것을 받아들일 수 있고 어떤 것은 그렇지 않은지를 집단적으로 결정하는 협의의 실천은 그 자체로 까다로운 일이며, 이는 다시 쉽게 차별의 요인이 될 수도 있다. 내가 '약한' 자들(weak parties)이라 부르고자 하는 이들, 즉 외교관을 파견할 수 없거나 파견할 의지가 없는 이들, 대변인이 없는 이들, 누구도 그들을 방어하거나 그들의 이름으로 얘기해줄 사람도 없는 이들은 어찌해야 할까? 나는 그들을 '희생자'라 부르고자 하는데 희생자들은 목격자를 필요로 하기 때문이다. 목격자의 역할은 바로 그들을 '현존하게' 만드는 것으로, 이는 그들의 이름으로 주장하는 것이 아니라 이 사안이 그들에게 어떤 의미를 지니는지를 전달하는 것이다. 결과를 경시하는 것에 대해, 목소리를 내지 못하는 사람들이 자신들의 머리 위에서 벌어지고 있는 정치적 게임에 지불해야만 했을 대가에 대해 무감각해지는 것을 비난하는 것이 목격자의 역할이다.

희생자의 현존은 외교적 개입과 마찬가지로, 어떤 것도 명백하게 보장해주지 않는다. 코스모폴리틱스는 '모두가 동의하게 만드는' 결정이라는 기적과 아무런 관련이 없다.

그것은 오히려 결정을 내리는 일이 항상 온전하고 생생한 인식 속에서 이루어져야 한다는 요구와 관련된다. 무고한 결정은 없다. 여기서 중요한 것은 무시하거나, 잊어버리거나, 더 심하게는 굴욕을 주는 결정을 금지하는 것이다. 어떤 쟁점을 중심으로 모인 사람들은 그들이 내린 결정의 결과로 인해 발생하는 희생자들에게 지게 되는 빚을 그 무엇으로도 없앨 수 없다는 것을 반드시 알아야 한다. 도나 해러웨이가 강조했듯이, 우리의 이익을 위해 살해되는 동물들의 고통에 대해 말할 때 중요한 점은 일부 동물만을 권리를 가진 존재로 정의하며, '살생하지 말라(Thou shall not kill)'는 계율의 보호를 그들과 공유한다고 말해서는 안 된다는 것이다. 오히려 중요한 점은 우리가 그들 중 누구의 희생도 당연시해서는 안 된다는 것이다. '죽일 수 있는 존재로 만들지 말지니라(Thou shall not make killable)'.[97] 여기서 누군가 이렇게 말할 수도 있다. '제거 가능한 존재로 규정하지 말지니라(Thou shall not define as dispensable)'.

이는 단지 과학소설이거나 사변적 우화(speculative fabulation)에 불과하며 가이아의 침입과 관련된 도전에 맞서야 하는 우리 앞에 놓인 가장 긴박한 과업에 아무런

---

[97] Donna J. Haraway, *When Species Meet*, Minneapolis: University of Minnesota Press, 2007, p. 80. 한국어판, 최유미 옮김, 『종과 종이 만날 때』, 갈무리, 2022.

도움도 되지 않을 것이라는 이의가 제기될 수도 있다. 그러나 이미 언급했듯이 내가 진정으로 걱정하는 것은 지금 이미 일어나고 있는 일들에 대한 것이며 그 긴급함이 마침내 인정될 때 이 걱정은 더욱 심화될 것이다. 우리가 가이아와 화합할 수 있을까? 가이아의 도전이 아니라 우리가 풀어놓은 침입이라는 도전이 무엇인지 답할 수 있을까? 또, 어떻게 그렇게 할 수 있을까? 나는 모른다. 오늘날 누구도 이를 알지 못한다. 나는 이 질문에 적절하게 연결될 무렵이면 사라져버릴 세대에 속한다. 그러나 내가 한 가지 확신하는 것은 이미 다가오고 있는 어떤 것을 우리가 감지하고 있다는 것이다. 바로 곧 사람들에게 이것밖에 없다고 강요될지도 모를, 삶을 살 만한 가치가 없는 것으로 만들지도 모를 가혹한 조치들 말이다. 이러한 확신이 인류의 기억 속에서 가장 미움받게 될 세대의 일원으로 나를 위치시킨다. 우리는 이미 알고 있었고 단지 죄책감만 느꼈다. 이것이 내가 저항하기와 되찾기라는 용어로, 혹은 도나 해러웨이의 용어를 빌리자면 재생(regeneration)이라는 용어로 사유하게 만드는 이유이다.

사람은 대체로 되찾거나 저항하지 않는다. 저항하고 되찾는 나의 방식은 아이디어를 다루고 있기 때문에 아주 보잘것없어 보일지 모른다. 하지만 아이디어의 힘을 경시해서는 안 된다. 다른 사람들을 단지 신념을 즐기는 이들로, 자연을 단지 자원으로 정의하는 불운한 전통에 우리가 속해 있다는 아이디어는 굉장히 전염성이 강해서 어디에서나 이러한 생각을 마주할 수 있다. 그것은 죄책감을 일으키고 우리의 저항 능력을 오염시켜서 우리를 포획하고 있는 자본주의 논리와 우리를 동일시하게 한다. 코스모폴리틱스라는 아이디어는, 비록 그 효과는 사변적이지만, 자본주의의 포획이 체계적으로 공격하고 오염시킨 것에 저항하고 되찾을 수 있는 가능성을 활성화한다. 이 아이디어는 소위 근대 전통의 특수성을 초월하는 것이 아니라, 이 특수성과 함께 생각하고, 그것이 재생되거나 문명화될 수 있는 가능성을 상상할 수 있는 능력을 유도하는 것이지 보편화를 의미하는 것은 아니다. 도리어 그것은 그 자신의 특이적이고 위험하고 결코 무고하지 않은 관계 잣기의 방식으로 사고하는 것을 의미한다. 그것은 어쩌면 우리가 다른 민족들과 자연들과 함께 생각하는 것을 가능하게 해줄지도 모를 상상적이고 과학적이며 정치적인 자원을 가지고 사고하는 것을 의미한다.

우리가 가이아와 화합할 수 있을 것인지, 어떻게 그렇게 할 수 있을지 모르지만, 우리가 차이를 만들어낼 수 있다고 믿는 것 외엔 다른 선택지가 없다. 그 차이는 비록 작지만 다른 곳에서 만들어질 또 다른 차이들을 불러낼 거라는 믿음이 있다. 내가 설명한 것은 그저 하나의 이야기로, 확실히 그것 자체로는 '그러한' 차이를 만들어내리라고 기대할 수 없다. 하지만 그것은 재생적이고 약간은 초월적인 상상력을 직조하는 다른 이야기들을 불러낸다. 그러한 직조는 공유하고 협력하는 가능성을 불러옴으로써 실제 변화를 가져올 수도 있다. 이는 분명 충분하지는 않지만, 어쩌면 살 만한 미래를 되찾기 위한 필수 조건일지 모른다.

옮긴이 후기

두 명의 옮긴이는 모두 이공계에서 학부와 대학원을 마치고 기업 연구소에서 연구원으로 일하다가 과학기술학으로 전향했다. 그런 점에서 이 책의 저자인 이자벨 스탱게르스의 궤적을 어느 정도 공유한다. 스탱게르스는 자신이 던지고 싶었던 큰 질문들이 당시 과학의 문법과 잘 맞지 않는다는 이유로 과학을 떠났고, 이후 자신은 과학에 필요한 자질을 갖추지 못한 사람으로 간주되었다고 말한다.

그렇다면 우리 번역자들은 왜 과학을 이탈했을까? 과학자가 갖추어야 할 덕목인 탁월성을 지니지 못해서? 아니면 윤택한 삶에 기여한다는 명목으로 수행된 연구들이 정작 더 많은 환경적·사회적 부담을 낳는다는 점에 회의를 느껴서? 이유는 각기 다르지만, 우리가 과학을 떠나 다시 과학을 사유하게 된 배경은 이 책이 다루고 있는 문제의식과 깊이 맞닿아 있다.

2013년 출간된 이 책은, 유럽에서 과학 연구가 점점 시장 원리에 종속되고 있다는 우려 속에서 집필되었다. 본래 자율적으로 진리를 탐구하는 학문으로 여겨졌던 과학은 이제 '지식경제'라는 기치 아래 효율성을 최우선시하는 체제에 편입되어, 경제 발전에 동원되는 순진한 도구로 전락하고 있다. 일부 과학자들은 나빠져만 가는 연구 환경을 성토하며 "과학에는 시간이 필요하다"고 주장했다.

스탱게르스는 이 '느린 과학'의 요청에 공감하면서도, 과학이 지금의 상황에 처하게 된 데에 과학자들 역시 무고하지 않다는 점을 단호히 지적한다. 과학자들은 자신의 연구가 사회와 무관하게 실험실 안에서 이루어지고 있다며 그 자율성을 존중받아야 한다고 주장하지만, 정작 과학을 동원하려는 시장의 요구에 지속적으로 호응해 왔기 때문이다. 스탱게르스는 이러한 모순을 날카롭게 짚어내며, 갈릴레이로 대표되는 근대 과학의 시작부터 기후위기의 책임을 면할 수 없는 오늘날의 과학에 이르기까지 과학의 전개를 추적하며, 동시에 과학이 요구하는 개인의 자질부터 과학 분야의 집단적 역동에 이르기까지 다양한 규모의 문제들을 교차적으로 직조해낸다. 그리고 과학이 지금과는 다른 방식으로 존재할 수 있는 가능성들을 탐색하며, 세계와 다시 관계 맺는 새로운 과학을 상상한다.

물론 이 책에서 다루는 과학은 유럽과 미국의 맥락에 놓여 있다. 그러나 과학이 지식경제에 동원되고 있다는 이 책의 문제의식이 우리에게 결코 낯설지 않은 까닭은, 한국의 과학 역시 애초부터 국가 주도의 근대화와 경제 발전 기획에 깊이 포섭되어 있었기 때문이다. 과학기술을 통해 경제를 성장시키고 국가 경쟁력을 강화해야 한다는 논리는 너무나 익숙하며, 지금도 과학기술에 대한 정책적 논의는 주로 미래 산업 혹은 경제 성장 동력 확보의 관점에서 이루어진다.

과학이 국가 발전의 수단이 되는 상황을 일부 연구자들이 꾸준히 비판해 왔음에도 불구하고, 이러한 문제 제기가 좀처럼 확산되지는 못했다. 게다가 2024년, 세계적 학술지 『네이처』는 한국을 '과학기술 연구의 가성비가 낮은 나라'로 평가했고, 같은 해 한국 정부는 R&D 예산을 대폭 삭감했다. 투입 대비 더 많은 성과를 요구하며 정부 지출을 줄이려는 조치는, 우리 사회의 과학 연구 생태계에 큰 타격을 주었다. 연구 환경이 급격히 악화되는 현실 앞에서, 우리는 과학의 환경을 근본적으로 바꿀 수 있을지 물어야 할 시점에 있다.

그렇기에 우리는 이 책이 단지 영미권의 학계 환경에 대한 비판으로만 읽히지 않기를 바란다. 오히려 지금 한국의 과학 연구 환경을 되돌아보고, 다시 질문을 던지는 계기가 되기를 희망한다. 오늘날 과학적 질문은 무엇에 관여하는가? 우리는 지금 무엇을 그렇게 빠르게 만들어내고 있는가? 그 속도는 누구의 기준에 의해 결정되는가? 그리고 우리는 어떤 과학을 꿈꿀 수 있는가? 스탱게르스가 제안하는 '과학을 느리게 하자'는 주문은 단지 속도의 문제가 아니라, 과학이 마주한 세계를 어떻게 사유하고 함께 살아갈 것인가에 관한 근본적인 물음이자 구체적인 구상이다. 이 번역서가 그 질문에 함께 응답하는 시작점이 될 수 있기를 바란다.

2025년 6월
김연화, 장하원

다른 과학은 가능하다, '느린 과학' 선언
상호의존의 관계를 다시 엮는 과학으로

지은이 ― 이자벨 스탱게르스
옮긴이 ― 김연화, 장하원

펴낸날 ― 2025년 6월 18일 초판 1쇄

펴낸이 ― 최지영
펴낸곳 ― 에디토리얼
등록 ― 2018년 2월 7일 제2025-000029호
주소 ― 경기도 남양주시 덕송3로 27, 6-1903호
투고·문의 ― editorial@editorialbooks.com
전화 ― 02-996-9430
팩스 ― 0303-3447-9430
홈페이지 ― www.editorialbooks.com
인스타그램 ― @editorial.books

표지 디자인 ― 스튜디오 폼투필
제작 ― 세걸음

ISBN 979-11-90254-42-7 04400
ISBN 979-11-90254-12-0(세트)

Editorial Science : 모두를 위한 과학

과학기술의 일상사
맹신과 무관심 사이, 과학기술의 사회생활에 관한 기록

박대인·정한별 지음

APCTP(아시아태평양이론물리센터) 2019 올해의과학도서; 한국출판문화산업진흥원 출판콘텐츠창작자금지원사업 선정작; 책씨앗 추천도서

정책의 눈으로 보면 시민이 현실에서 체감하는 과학기술의 면면을 잘 드러낼 수 있다. 한국 사회의 오래된 화두인 기초과학 육성 담론과 이에 연관된 정책적 쟁점들, 과학기술의 사회·정치·문화적 측면을 함축한 다양한 사례와 현안을 다룬다.

계산하는 기계는 생각하는 기계가 될 수 있을까?
인공지능을 만든 생각들의 역사와 철학

잭 코플랜드 지음/ 박영대 옮김, 김재인 감수

과학책방 갈다 주목 신간(2020년 3월)

앨런 튜링 연구의 권위자, 인공지능과 컴퓨팅의 원리와 역사에 정통한 석학의 저작. 인공지능이란 화두에 내포된 사회적 철학적 쟁점을 토론에 부쳐 언어를 공유하는 공동체가 현실에 임박한 기계지성체의 존재를 어떻게 이해하고 대해야 하는지에 관한 기준점을 제시한다.

세포
생명의 마이크로 코스모스 탐사기

남궁석 지음

2020 우수출판콘텐츠 제작지원사업 선정

유기체의 기본 단위인 세포에 관한 거의 모든 지식. 세포 내 생리 작용의 본체인 단백질의 다양성은 상상을 초월한다. 생물학계의 최신 연구 사조는 단백질 '디자인'하여 인공세포, 합성생물을 만드는 데 도전하고 있다. 현대 생물학의 최전선에서 생명의 원리를 통합적으로 이해하도록 이끈다.

겸손한 목격자들
철새·경락·자폐증·성형의 현장에 연루되다

김연화·성한아·임소연·장하원 지음

문화일보 북리뷰 필진 2023 PICK 15

과학기술학(STS)은 복잡하고 전문화된 현대과학 이해에 매우 유용한 관점을 제시한다. 민족지를 연구하는 인류학자처럼 저자들은 과학 지식이 실천·생산·유통되는 현장을 관찰하고 기록한다. 철새 도래지, 한의학물리실험실, 자폐스펙트럼 장애 자녀를 돌보는 어머니 커뮤니티, 미인과학의 산실인 성형외과에 연루된 저자들의 목격담은 블랙박스에 비유되는 과학의 문을 연다.

마린 걸스
두 여성 행동생태학자가 들려주는 돌고래 이야기

장수진, 김미연 지음

2023 서울국제도서전 '여름, 첫책' 선정작; 책씨앗 추천도서

쇼 돌고래 세 마리가 제주 고향 바다로 돌아간 2013년 이후 남방큰돌고래를 비롯해 우리 바다에 서식하는 대형 해양동물을 연구 중인 한국 1호 해양동물 행동생태학자 장수진과 김미연의 첫 책. 돌고래의 행동생태에 관한 지식과 함께 해양동물 연구의 현장을 생동감 있게 전달한다.

슈뢰딩거의 자연철학 강의
자연과 고대 그리스 철학자들, 과학과 인문주의

에르빈 슈뢰딩거 지음/ 김재영, 황승미 옮김

인디고서원 2024.11월 추천도서; 과학책읽는보통사람들 2024.10월 주목할 만한 과학 신간; 책씨앗 추천도서

노벨물리학상 수상자 슈뢰딩거의 전설적 명강연을 만난다. 현대 물리학은 고대 그리스 철학의 직계 후손이다. '원자' 개념은 고대원자론부터 양자역학까지 이어지는 과학적 세계관의 특수성뿐만 아니라 실재와 어긋나는 모순된 관념까지 담고 있다. 그 내용이 어떠한 것인지 일찍이 통섭을 실천한 슈뢰딩거의 폭넓은 사유를 통해 살펴본다.